医教融合儿童康复系列教材

儿童感觉统合理论与实务

主　编：秦立建　陈　飞　廖　勇
副主编：许天委　温壮飞　谭晓莹

中国财经出版传媒集团

经济科学出版社
Economic Science Press

·北京·

图书在版编目（CIP）数据

儿童感觉统合理论与实务 / 秦立建，陈飞，廖勇主编 . -- 北京：经济科学出版社，2025.1. --（医教融合儿童康复系列教材）. -- ISBN 978 - 7 - 5218 - 6328 - 4

Ⅰ. B844.12

中国国家版本馆 CIP 数据核字第 20248Z6D26 号

责任编辑：李　雪　袁　溦
责任校对：孙　晨
版式设计：王　颖
责任印制：邱　天

儿童感觉统合理论与实务
ERTONG GANJUE TONGHE LILUN YU SHIWU
主　编：秦立建　陈　飞　廖　勇
副主编：许天委　温壮飞　谭晓莹
经济科学出版社出版、发行　新华书店经销
社址：北京市海淀区阜成路甲 28 号　邮编：100142
总编部电话：010-88191217　发行部电话：010-88191522
网址：www.esp.com.cn
电子邮箱：esp@esp.com.cn
天猫网店：经济科学出版社旗舰店
网址：http://jjkxcbs.tmall.com
固安华明印业有限公司印装
710×1000　16 开　8.5 印张　137000 字
2025 年 1 月第 1 版　2025 年 1 月第 1 次印刷
ISBN 978-7-5218-6328-4　定价：46.00 元

丛书编委会

一、主　编

秦立建

中美联合培养博士。教授，博士生导师、博士后导师。安徽财经大学健康经济研究中心主任、安徽省社会保障研究会会长。

荷兰奈耶诺德商学院中国经济政策专家委员会专家，中国留美经济学学会会员。

陈　飞

硕士生导师、研究员。先后就读于香港大学医疗管理专业硕士、葡萄牙里斯本大学（ISCTE-University Institute of Lisbon）公共卫生与医疗管理专业博士，中欧国际工商学院（SHS）。

正德康复学术委员会主席，香港正德医疗健康产业集团联合创始人。

廖　勇

管理学博士，曾先后在菲律宾雅典耀大学、莱西姆大学工作。现任菲律宾克里斯汀大学副校长，主管国际教育。菲律宾重庆商会首届会长，重庆万州籍海外侨领、重庆第六届政协华侨列席代表，重庆市万州区第四届侨联荣誉主席。

二、副　主　编

许天委

琼台师范学院教授，海南省儿童认知与行为发展重点实验室副主任。

温壮飞

儿科副主任医师，海口市妇幼保健院妇幼保健部负责人。

谭晓莹

广州认知睡眠医学中心主任。

三、学术委员会

（以下名单皆以姓名拼音首字母为序）

主席：

刘国恩　北京大学　全球健康研究院 院长

成员：

陈小桃　海南大学

Fangzhen TAO　中国旅法工程师协会

高　平　香港澳华医疗

韩　露　海口市妇幼保健院

何瑞材　海口市妇幼保健院

洪学标　正德（海南）康复医疗中心

贾晨露　儿康医生集团（海南）有限公司

李碧丹　正德（海南）康复医疗中心

李丹丹　广西壮族自治区人民医院认知睡眠中心

刘晋宇　吉林大学

刘哲峰　中国医师协会健康传播工作委员会

唐文忠　海南现代妇女儿童医院

王　冬　南方医科大学

吴良宇　海口市妇幼保健院

王益超　湖南省妇幼保健院

吴岳琛　海南树兰博鳌医院

Wen Zhao（加拿大）　正德（海南）康复医疗中心

朱　彬　海口市妇幼保健院

周邦婷　天赋医联专科门诊部

周　嫘　北京葆德医管

张　群　预小护中医门诊部

周文龙　海南省儿童认知与行为发展重点实验室

赵艳君　上海尊然医院

四、编委会成员

（以下名单皆以姓名拼音首字母为序）

邓燕妮　正德（海南）康复医疗中心

郭家玲　湖南省妇幼保健院

高静婷　正德（海南）康复医疗中心

葛　林　正德（海南）康复医疗中心

何伟军　湖南省妇幼保健院

何雨桥　天赋医联专科门诊部

贾文静　正德（海南）康复医疗中心

刘旭茜　正德（海南）康复医疗中心

李　怡　正德（海南）康复医疗中心

刘雅卓　海南现代妇女儿童医院

邱尚峰　湖南省妇幼保健院

石　慧　湖南省妇幼保健院

桑汉斌　琼台师范学院

孙　沛　正德（海南）康复医疗中心

伍金凤　海口市妇幼保健院

王　珏　海口市妇幼保健院

3

夏佩伊　正德（海南）康复医疗中心

谢三花　正德（海南）康复医疗中心

于梦非　健康报社

赵　惠　吉林省听力语言康复中心

五、美术编辑

郑文山

周池荷

序 ORDER

儿童是国家的未来，民族的希望。

儿童时期的健康将对其一生的发展产生深远影响。党和国家一直高度重视儿童健康和现代儿童康复事业。因为促进儿童健康成长，能够为国家高质量可持续发展提供宝贵资源和不竭动力，是建设中国式现代化国家，实现民族伟大复兴的必然要求。

我国现代儿童康复事业虽然起步较晚，但改革开放以来发展迅速，取得了举世瞩目的显著成就。正值我国现代儿童康复事业发展面临大好机遇和严峻挑战的新形势下，由秦立建教授、陈飞博士、廖勇博士主编的"医教融合儿童康复系列教材"应时而生，付梓面世。这是一件可喜可贺的盛事。

这部"医教融合儿童康复系列教材"共有 8 册，分别是《儿童康复理论与实务概论》《儿童物理康复教程》《儿童感觉统合理论与实务》《儿童作业康复治疗教程》《儿童认知理论与实务》《儿童语言理解与表达康复教程》《儿童社交情绪理论与实务》《儿童中医康复理论与实务》。毫不夸张地说，这部系列教材包括了现代儿童康复的各个方面、各个环节和各个阶段，是一部适合儿童康复教育选用的好教材，也是一部值得广大儿童康复师和儿童康复工作者认真阅读的适用读本。

这部"医教融合儿童康复系列教材"的显著特征，是坚持理论与实践相结合，坚持守正创新、将问题导向与目标导向相统一，将知识性、专业性、实操性、趣味性融为一体。教材编撰者紧跟时代步伐，紧扣儿童康复事业发展大势，拓展丰富教材内容，探索创新教材编撰方式，以医疗、康复、教育、科研的深度融合为切入点，将儿童康复所需的临床医学、康复治疗学、特殊教育学、运动康复学、心理学等相关知识融会贯通于系列教材中。此外，这部系列教材还采用模块化的内容设计，任务驱动的表现形式以及丰富有趣的实务案例，等等，较好地体现了校企合作和育训结合的教育新理念，较好地体现了既科学严谨又生动活泼的学术风格。

这部"医教融合儿童康复系列教材"的面世，对于我国方兴未艾的现代儿童康复教育具有里程碑式的意义。因为它不仅为现代儿童康复专业教育提供了系统而丰富的康复理论知识和专业技能，而且为推进我国现代儿童康复事业高质量可持续发展注入了新的发展理念、途径、举措和方式方法，令人耳目一新。

我有理由相信，这部系列教材的面世，必将对我国现代儿童康复事业教育发展产生深刻的影响，发挥积极的促进作用。儿童康复是至善至伟的事业，前行的道路却漫长艰辛。"志之所趋，无远弗届。"衷心希望志存高远的秦立建教授等专家学者踔厉奋发、再接再厉，为我国现代儿童康复事业奉献更多新的著述力作。

在这部系列教材即将付梓之际，秦立建教授邀我为该书作一序言。盛情难却，便欣然命笔，草就了如上几段粗疏的文字，寥寥为序，亦表祝贺与推介之忱。

原劳动和社会保障部副部长　王东进

2024 年 12 月于北京

前　言　PREFACE

子曰："工欲善其事，必先利其器。"——《论语·卫灵公篇》

意思是说：工匠要想使他的工作做好，一定要先让工具锋利。比喻要做好一件事，准备工作非常重要。对于一名优秀的儿童康复师来说，最趁手的工具无疑是一套理论与实操兼备的教材。

对于儿童来说，康复的这段日子是他们在生命旅途中遇到的挑战和困难，这些挑战可能来自他们的生理或心理发展过程。然而，无论这些挑战是什么，我们都应该相信，每个孩子都有能力克服这些挑战，发挥他们的潜力。儿童康复师就是他们挑战旅途的领路人和陪伴者，只有我们足够强大，才能更好地陪伴孩子走过这段旅途。帮助儿童康复师们不断变强大，遇见更好的自己，就是我们编写这套"医教融合儿童康复系列教材"的初衷。

教材是教育的基石，是知识的载体，是学习的工具。它不仅传递知识，更传递着一种精神，一种追求真理、探索未知的精神。编写这套系列教材，我们力求做到内容丰富、结构合理、语言生动，让每一位读者都能在阅读中感受到知识的魅力，激发他们的求知欲望。

在编写过程中，我们注重理论与实践的结合，注重知识的系统性与连贯性，注重学习的趣味性与启发性。我们充分考虑到读者的学习需求和学习习惯，力求使教材既适合教师教学，又适合学生自学。

本书的完成得到了众多朋友、同仁的支持与帮助，在此向他们表示衷心的感谢。本书由六章构成，均由周文龙、温壮飞、何瑞材、吴良宇等老师编写，其中周文龙老师撰写字数不少于 5 万字。本书中插入的照片已获得本人的同意，拍摄的时候克服了许多困难，在此对康复治疗师李碧丹、孙沛，和小朋友宋安佳齐提供的支持表示衷心的感谢。此外，还有众多老师做了大量优秀的工作，在这里就不一一致谢了！

总之，我们的目标是，通过这套系列教材让每一位读者都能掌握扎实的基础知识，培养独立思考的能力，形成科学的学术观。我们希望，每一位读者都能在学习的过程中，发现自己的兴趣，找到自己的方向，实现自我价值。

未来，我们将继续优化教材内容，更新教材版本，以适应社会的发展，满足读者的需求。我们相信，只有不断进步，才能更好地服务于康复，服务于教育，服务于社会。

每一本书都是一座灯塔，照亮我们前进的道路。这套系列教材，就是我们为你们点亮的一盏灯，希望它能引导你们在知识的海洋中航行，发现更多的美好。让我们一起，启航知识的海洋，探索未知的世界。

作　者

2024 年 12 月

目　录　CONTENTS

第一章 感觉统合概述

感觉统合是一种神经发育过程，涉及大脑对感觉输入的整合和处理。它是通过多个感觉系统之间的协调和交互，以及感觉输入与动作、认知和情感之间的关联来实现的。感觉统合的良好发展对于儿童的学习、行为和日常生活功能至关重要。

感觉统合包括视觉、听觉、触觉、味觉、嗅觉和运动感觉等多种感觉系统的整合。正常的感觉统合能力使个体能够有效地处理和理解感觉输入，从而适应环境和执行各种任务。感觉统合困难则可能导致感觉过敏、感觉低下或感觉混乱等问题，影响儿童的行为、学习和社交能力。

感觉统合的发展是一个渐进的过程，从早期婴儿期开始，并在儿童和青少年时期继续发展和完善。在发展过程中，儿童通过感觉经验和运动探索来建立感觉统合的能力。通过与环境的互动和体验，大脑逐渐学习并将来自不同感觉通道的信息整合在一起，并生成有意义的感觉知觉。

感觉统合困难可能与多种因素有关，包括神经发育的异常、感觉系统的敏感性、注意力和自我调节的困难等。这些困难可能对儿童的学习、行为和情绪产生负面影响。因此，对于儿童和家庭来说，早期识别和干预感觉统合困难是重要的。

感觉统合的评估和干预通常由专业的儿童康复治疗师、儿科医生、心理学家或教育专家来进行。评估可能包括观察、标准化测试和家长/教师报告等多种方法。基于评估结果，制订个体化的治疗计划和干预方案，以帮助儿童发展和提高感觉统合能力。

感觉统合的干预方法包括儿童康复治疗、认知行为疗法、儿童心理治疗、教育支持和环境调整等。这些干预方法旨在提供有针对性的感觉体验和活动，以促进感觉统合的发展和调节。同时，家庭和学校的支持和教育也起着重要的作用，帮助儿童应对感觉困难，并创造适宜的环境来支持他们的发展和学习。

感觉和知觉的具体内容见表1-1。

表1-1　感觉和知觉

感觉和知觉		
过程和概念	感觉	刺激 感觉受体 转导（生理学） 感觉处理 主动感觉系统
	知觉	多模式集成 意识 认知 感觉 质量
外界	感觉器官	眼睛，耳朵，内耳，鼻子，嘴巴，皮肤
	感觉系统	视觉系统（视觉），听觉系统（听觉），前庭系统（平衡感），嗅觉系统（嗅觉），味觉系统（味觉），体感系统（触觉）
	感觉颅神经和脊神经	视神经，前庭蜗神经，嗅神经，面神经，舌咽神经，三叉神经，脊髓
	大脑皮层	视觉皮层，听觉皮层，前庭皮层，嗅觉皮层，味觉皮层，体感皮层
	知觉	视觉感知（视觉），听觉感知（听觉），平衡感（平衡），嗅觉（气味），味觉（味道或气味），触摸（感受器），伤害性感受，温度感知
内部		本体感，饥饿，口渴，窒息，恶心

感觉和知觉		
感觉接收器类型	机械感受器	压力感受器，机械传导，鳞状小体，触觉小体，Merkel末梢神经，球状小体，钟状感受器，缝隙感受器，伸展感受器
	光感受器	光感受细胞，锥形细胞，杆状细胞，视网膜色素质感受细胞，光色素，金属蓝素
感觉接收器类型	化学感受器	味觉受体，嗅觉受体，渗透压感受器
	温度感受器	纤毛，TRP（转瞬受益蛋白，Transient Receptor Potential）通道
	痛觉受体	痛觉肽受体，毗邻毛细血管受体
疾病	视觉	视觉障碍，爱丽丝梦游综合征，失明，视野缺失，色盲，复视，日盲症和夜盲症，视神经病变，视物晃动，视物重影，视盘水肿，畏光症，闪光症，多像症，盲点，立体盲，视觉雪花症
	听觉	听觉模糊，听觉失认症，皮质性失聪，听力丧失，微波听觉效应，音乐特定障碍，听物重影，空间听力丧失，耳鸣
	前庭	眩晕，良性阵发性位置性眩晕，前庭廔管破裂，迷路炎，梅尼埃病
	嗅觉	嗅觉丧失，嗅觉异常，嗅觉过敏，嗅觉减退，嗅觉参照综合征，嗅觉错觉，幻嗅
	味觉	味觉丧失，味觉过敏，味觉减退，味觉错觉
	触觉	无触知症，Charcot-Marie-Tooth病，触觉蚁行感，触觉过敏，触觉减退，感觉异常，触觉幻觉
	痛觉	痛觉过敏，痛觉减退，疼痛脱离感，幻肢痛
	本体感	无身体意识，幻肢综合征，本体错认症
	多模感觉	先兆，失认症，异侧错觉，虚实感失真，幻觉，遗传性感觉性神经病变，感觉处理障碍，共感觉
偏见和误差		错觉现象

资料来源：Brown，A.，Tse，T.，Fortune，T.Defining sensory modulation：A review of the concept and a contemporary definition for application by occupational therapists［J］. Scandinavian Journal of Occupational Therapy，2019，26（7）：515-523.

第一节　感觉统合理论的起源与感觉统合教育的发展

一、感觉统合理论的起源

儿童感统训练是一种康复方法，旨在帮助儿童改善感觉统合功能，提高他们的学习和参与能力。在开始学习和实践儿童感统训练之前，我们有必要了解感觉统合理论的起源，它是这种训练方法的理论基础。

1. 感觉统合训练创始人的背景和职业生涯

珍·艾尔丝（Jean Ayres）是一位美国的职业治疗师和神经学家，以其对感觉整合（sensory integration，SI）理论和实践的贡献而闻名。她于 1920 年生于美国，于 1988 年去世。

艾尔丝的工作主要集中在儿童的感觉整合障碍上。感觉整合理论认为，大脑对身体的感觉输入的处理对于健康发展和适应环境至关重要。艾尔丝相信，当儿童对感官刺激的处理出现问题时，可能会导致行为问题、学习障碍和其他发展问题。

2. 对儿童学习障碍的观察和研究

在儿童学习障碍研究项目中，艾尔丝开始对一些儿童的行为和学习问题进行观察和研究。她注意到这些儿童在处理感觉信息方面存在困难，表现出不协调的行为和学习困难。艾尔丝观察到，一些儿童对触觉、视觉、听觉、前庭觉和本体觉等感觉信息的处理能力出现异常。

艾尔丝对这些问题产生了浓厚的兴趣，并开始深入研究。她认识到感觉处理困难与儿童学习和行为问题之间存在密切的联系。因此，她着手发展一种理论，旨在解释这些困难的根源，并提供有效的干预方法。

3. 感觉统合理论的基本原理

感觉统合理论的核心原理是，大脑通过感觉系统接收来自身体和环境的各种感觉信息，并在中枢神经系统中进行整合和处理。这些感觉信息包括触觉、视觉、听觉、前庭觉和本体觉等。

在正常的感觉统合过程中，大脑能够将各种感觉信息整合在一起，形成有效的感觉觉知和运动控制能力。然而，当感觉统合功能存在问题时，儿童可能会出现感觉过敏、注意力不集中、运动笨拙等表现。

艾尔丝进一步提出了感觉统合困难的概念。她认为，感觉统合困难是指大脑无法有效整合和处理来自感觉系统的信息，导致儿童在日常生活中遇到困难。这些困难可能涉及感觉觉知、运动控制、注意力和学习等方面。

4. 感觉统合理论的应用

感觉统合理论的应用广泛涉及到康复领域、教育领域和临床实践。基于该理论，发展了一系列的感觉统合评估和治疗方法。感觉统合评估旨在评估儿童的感觉统合功能，帮助专业人员确定感觉统合困难的类型和程度。通过评估结果，专业人员可以制订个性化的干预计划。

感觉统合治疗是一种系统性的康复方法，通过提供特定的感觉体验和运动活动，以促进儿童的感觉统合发展和改善他们的日常功能。治疗过程中的活动包括平衡训练、运动协调练习、触觉刺激等。这些活动旨在刺激儿童的感觉系统，帮助他们建立正常的感觉统合模式。

感觉统合理论的应用领域广泛，包括儿童学习障碍、孤独症谱系障碍、发展协调障碍等。通过感觉统合训练，儿童可以改善感觉统合功能，提高学习和参与能力，提升他们的生活质量。

二、感觉统合教育的发展

感觉统合教育是一种以感觉统合理论为基础的教育方法，旨在帮助儿童发展和提高他们的感觉统合功能。

感觉统合教育的主要思想是通过提供有针对性的感觉刺激和有组织的活动，促进儿童的感觉统合发展和学习能力的提高。

1. 创造适当的感觉环境

感觉统合教育强调为儿童创造适当的感觉环境，提供丰富的感觉体验。这包括提供各种感觉刺激，如触觉、视觉、听觉、前庭觉和本体觉，以帮助儿童发展感觉觉知和感觉处理能力。

2. 有组织的活动

感觉统合教育通过有组织的活动来促进儿童的感觉统合发展。这些活动包括平衡训练、运动协调练习、触觉刺激等，旨在刺激儿童的感觉系统，帮助他们建立正常的感觉统合模式。

3. 个体化的教学方法

感觉统合教育强调个体化的教学方法，根据儿童的感觉统合特点和需要，制定个性化的教学计划。这样可以确保教育活动符合儿童的个体差异，并提供最有效的支持。

（1）多学科合作：感觉统合教育强调多学科合作，包括物理治疗师、职业治疗师、教育工作者和家长等的协作。他们共同努力，以整合不同领域的专业知识和技能，为儿童提供全面的支持和指导。

（2）日常生活中的应用：感觉统合教育鼓励将学到的技能和策略应用于日常生活中。儿童通过在日常活动中运用感觉统合技能，逐渐改善自己的感觉觉知和运动控制能力。感觉统合教育广泛应用于教育领域，特别是在儿童特殊教育和康复中心。以下是感觉统合教育的主要应用领域：

①学前教育：感觉统合教育在学前教育中起着重要作用。通过为学前儿童提供感觉刺激和有组织的活动，可以帮助他们发展感觉统合能力，提高注意力和集中力，为学习和社交准备打下良好基础。

②特殊教育：感觉统合教育在特殊教育中被广泛应用。儿童感统困难常伴随着学习障碍、孤独症谱系障碍等特殊需求。感觉统合教育通过个性化的教学方法和活动，帮助这些儿童改善感觉统合功能，提高学习和参与能力。

③康复领域：感觉统合教育在康复中心中扮演重要角色。例如，对于患有发展协调障碍或运动障碍的儿童，感觉统合教育可以通过平衡训练、运动协调练习等活动来帮助他们提高运动控制和协调能力。

④家庭支持：感觉统合教育还提供了家庭支持和指导。家长可以学习感觉统合教育的理论和方法，并在家庭中运用这些技巧来帮助儿童改善感觉统合功能。

第二节　感觉统合的概念

感觉统合是指大脑有效地处理和整合来自各种感觉系统的信息的能力。它涉及多个感觉系统之间的协调和合作，包括触觉、视觉、听觉、前庭觉和本体觉等。

感觉统合是一个复杂的过程，涉及大脑的感觉系统和神经通路之间的相互作用。正常的感觉统合能力使个体能够适应环境、参与活动、控制运动和学习新技能。它对于日常生活的方方面面都至关重要，如注意力集中、行为调控、运动协调、社交互动等。当儿童的感觉统合功能出现困难时，他们可能会面临一系列的挑战。感觉统合困难可能表现为过度敏感或低反应性，对感觉刺激的处理和整合能力受到影响。这可能导致儿童对环境的适应能力下降，学习困难、行为问题、运动协调困难、社交互动问题等。

感觉统合困难可能由多种原因引起，包括感觉系统的发展异常、感觉信息处理和整合的困难以及大脑神经通路的问题。这些困难可能与神经发育、遗传因素、早期环境经历等因素有关。

感觉统合的概念在理解和解决儿童感觉统合困难方面起到关键的作用。它提供了一个框架来理解感觉统合困难的本质，并为感觉统合教育和治疗提供了理论基础。通过感觉统合训练和提供有针对性的感觉刺激，可以帮助儿童改善感觉统合能力，提高他们的日常功能和生活质量。

一、感觉统合的提出

谢林顿是 20 世纪早期的一位英国神经生理学家，他在感觉和运动的研究方面作出了重要贡献。他于 1906 年获得诺贝尔生理学或医学奖，以表彰他对神经功能的研究。谢林顿的研究涉及神经元之间的连接和信号传递，他提出了许多关于神经功能和感觉处理的重要理论。拉什利是美国的一位心理学家和神经科学家，他在 20 世纪中叶对脑神经科学作出了重要贡献。拉什利的研究主要集中在大脑皮层的功能和学习记忆的机制上。他对神经可塑性和神经回路的理解具有深远影响，并为后来的感觉统合理论的发展奠定了基础。感觉统合这一术语最初由谢林顿和拉什利提出，并在艾尔丝的研究和实践基础上得到了进一步的发展。感觉统合理论的提出为我们理解儿童感觉处理困难的本质和应对方式提供了重要的框架，对儿童康复、特殊教育和行为脑神经科学的研究产生了深远影响。

二、感觉统合的定义

感觉统合是指大脑有效地处理和整合来自各种感觉系统的信息的能力。它涉及多个感觉系统之间的协调和合作，包括触觉、视觉、听觉、前庭觉和本体觉等。感觉统合的目标是使感觉信息得到准确的处理、整合和解释，以便个体能够适应环境、参与活动、控制运动和学习新技能。

感觉统合的概念强调了感觉系统的协同作用和大脑神经通路的重要性。正常的感觉统合能力使个体能够对感觉刺激做出适当的反应，并将各种感觉信息整合在一起形成有意义的经验和行为。它对于日常生活的方方面面都至关重要，如注意力集中、行为调控、运动协调、社交互动等。

感觉统合困难是指个体在感觉处理和整合方面遇到困难的情况。这可能导致感觉信息的过度敏感或低反应性，以及感觉信息处理和整合能力的障碍。感觉统合困难可能表现为对感觉刺激过敏或过度反应，或者对感觉刺激的低反应性和迟钝。这些困难可能影响个体对环境的适应能力，学习能力、行为表现、运动协调和社交互动等方面。

因此，感觉统合的定义涵盖了大脑对多个感觉系统信息的处理、整合和适应的能力，以及感觉统合困难对个体功能和行为的影响。它是一个综合的概念，涉及神经生理学、心理学和行为科学等多个学科的研究和实践。

三、感觉统合在婴幼儿教育中的运用

感觉统合在婴幼儿教育中的运用非常重要，它能够促进婴幼儿的整体发展和学习能力的提高。以下是感觉统合在婴幼儿教育中的几个方面的运用。

1. 提供丰富的感觉刺激

婴幼儿期是感觉系统发展的关键时期。通过为婴幼儿提供多样化的触觉、视觉、听觉、平衡和身体位置感等感觉刺激，可以帮助他们建立健康的感觉系统，并促进感觉统合能力的发展。例如，提供丰富的触摸材料、视觉刺激和音频体验，以及平衡和移动的机会，可以促进婴幼儿感觉系统的发展和整合。

2. 创设有序的感觉环境

在婴幼儿教育中，创设有序的感觉环境对于促进感觉统合至关重要。这意味着在教室或活动场所中，提供有组织、安静、清洁、舒适的感觉环境，减少婴幼儿面临的过度刺激或干扰。这有助于婴幼儿集中注意力、保持专注，并有效地处理和整合感觉信息。

3. 运动和游戏的整合

婴幼儿通过运动和游戏来探索和学习世界。在婴幼儿教育中，结合感觉统合原则的运动和游戏活动可以提供丰富的感觉刺激，促进婴幼儿的感觉统合能力的发展。例如，使用各种儿童游乐设施、活动器材和游戏道具，组织各种有针对性的感觉统合活动，如平衡训练、触觉探索、音乐和节奏活动等，可以提供多样的感觉经验和机会。

4. 个体化的支持和干预

每个婴幼儿的感觉统合能力发展和困难状况都可能不同，因此个体化的支持和干预是至关重要的。通过观察和评估婴幼儿的感觉统合能力，教育工作者可以针对个体的需要提供有针对性的支持和干预。这可能包括提供个体化的感觉刺激、调整环境、提供适当的教具和教学策略，以促进婴幼儿的感觉统合能力发展。

第三节　感觉统合失调概述

一、什么是感觉统合失调

感觉统合失调，也称为感觉处理障碍，是一种神经发展性障碍，影响个体对感觉输入的处理和整合能力。它是一种与感觉系统相关的疾病，导致个体对感觉刺激的反应异常或困难。

感觉统合失调可能涉及多个感觉系统，包括触觉、视觉、听觉、嗅觉、味觉、前庭觉和本体觉。个体可能对感觉刺激过敏或过低，感觉体验可能异常或困难以理解和适应。这可能导致一系列的问题，包括感觉过敏、感觉寻求行为、运动协调困难、学习困难、注意力问题、情绪调节困难等。

二、感觉统合失调的表现

1. 视知觉统合失调的表现

（1）视觉过敏：对光线、强烈的颜色、图案或运动刺激等过度敏感。

（2）视觉低下：对细节、方向、距离等视觉信息的感知困难。

（3）视觉空间困难：难以理解和适应空间关系，如判断物体的位置、大小和方向。

（4）手眼协调困难：难以准确地控制眼睛和手的运动，可能导致困难的握笔、书写或手眼协调活动。

（5）视觉注意力问题：难以集中注意力并过滤环境中的视觉刺激，易分心。

（6）阅读和写作困难：难以追踪文字、识别字母和单词，可能导致阅读和写作的困难。

（7）空间定向困难：困惑左右方向、前后方向，难以导航和遵循方向。

（8）视觉模糊或混乱：感觉视觉图像模糊、不清晰或难以分辨。

这些表现可能会影响个体在学习、日常活动和社交互动中的表现。视知觉统合失调的程度和表现因个体而异，有些人可能只表现出部分或轻度的症状，而其他人可能更严重地受到影响。

2. 听知觉统合失调的表现

（1）音量调节困难：难以调节音量的大小，可能感觉声音过于强烈或过于微弱。

（2）音频过敏：对特定声音或音频频率过度敏感，可能导致不适或疼痛感。

（3）声音定向困难：难以确定声音的来源和方向，可能困惑声音的来自位置。

（4）听觉过滤困难：难以过滤环境中的杂音和背景声音，导致注意力困难。

（5）音调识别困难：难以区分和辨别不同的音调和音高。

（6）声音模糊或混乱：感觉声音模糊、不清晰或难以分辨。

（7）语言和交流困难：难以理解和使用语言，可能影响语言理解和表达能力。

（8）声音选择性注意力困难：难以集中注意力于特定声音，容易分心或困惑于多个声音。

这些表现可能会影响个体在学习、日常活动和社交互动中的表现。听知觉统合失调的程度和表现因个体而异，有些人可能只表现出部分或轻度的症状，而其他人可能更严重地受到影响。

3. 嗅知觉统合失调的表现

（1）嗅觉敏感度变化：对嗅觉刺激的敏感度增加或减弱，可能感觉气味过于强烈或无法感知细微的气味。

（2）气味过敏：对某些气味过度敏感，可能引发不适感或过敏反应。

（3）气味辨别困难：难以区分和辨别不同的气味，可能导致困惑或混淆。

（4）气味记忆困难：难以记住和识别特定气味的来源或含义。

（5）嗅觉适应困难：在长时间接触同一种气味后，难以适应并保持对其的感知能力。

（6）嗅觉注意力困难：难以集中注意力于特定气味，容易分心或困惑于多个气味。

（7）气味幻觉：感觉到不存在的气味或嗅觉体验。

（8）嗅觉喜好变化：对原本喜欢的气味反应变化，可能感觉到厌恶或不愿接触。

这些表现可能会影响个体对于气味的感知和理解，以及对环境中的气味进行适当的反应。嗅知觉统合失调的程度和表现因个体而异，有些人可能只表现出部分或轻度的症状，而其他人可能更严重地受到影响。

4.味知觉统合失调的表现

（1）味觉敏感度变化：对味觉刺激的敏感度增加或减弱，可能感觉味道过于强烈或无法感知细微的味道。

（2）味觉过敏：对某些味道过度敏感，可能引发不适感或过敏反应。

（3）味觉辨别困难：难以区分和辨别不同的味道，可能导致困惑或混淆。

（4）味觉记忆困难：难以记住和识别特定味道的来源或含义。

（5）味觉适应困难：在长时间接触同一种味道后，难以适应并保持对其的感知能力。

（6）味觉注意力困难：难以集中注意力于特定味道，容易分心或困惑于多个味道。

（7）味觉幻觉：感觉到不存在的味道或味觉体验。

（8）味觉喜好变化：对原本喜欢的味道反应变化，可能感觉到厌恶或不愿接触。

这些表现可能会影响个体对于味道的感知和理解，以及对食物的喜好和摄入行为。味知觉统合失调的程度和表现因个体而异，有些人可能只表现出部分或轻度的症状，而其他人可能更严重地受到影响。

5.触觉统合失调的表现

（1）触觉敏感度变化：对触觉刺激的敏感度增加或减弱，可能感觉触摸过于刺激或无法感知轻微的触摸。

（2）触觉过敏：对某些触摸刺激过度敏感，可能引发不适感或过敏反应。

（3）触觉辨别困难：难以区分和辨别不同的触摸感觉，可能导致困惑或混淆。

（4）触觉记忆困难：难以记住和识别特定触摸感觉的来源或含义。

（5）触觉适应困难：在长时间接触同一种触摸刺激后，难以适应并保持对其的感知能力。

（6）触觉注意力困难：难以集中注意力于特定触摸感觉，容易分心或困惑于多个触摸刺激。

（7）触觉幻觉：感觉到不存在的触摸感觉或触觉体验。

（8）触觉喜好变化：对原本喜欢的触摸感觉反应变化，可能感觉到不适或不愿接触。

这些表现可能会影响个体对于触摸的感知和理解，以及对触摸刺激的适当反应。触觉统合失调的程度和表现因个体而异，有些人可能只表现出部分或轻度的症状，而其他人可能更严重地受到影响。

6.前庭觉统合失调的表现

前庭觉统合失调是指在前庭系统处理和整合平衡感觉信息方面存在困难的情况。以下是一些可能出现在前庭觉统合失调中的表现：

（1）平衡问题：经常感到失去平衡或晃动，容易摔倒或碰撞到周围物体。

（2）眩晕或晕眩感：经常感到头晕、眩晕或晕眩，尤其在头部移动或改变体位时。

（3）空间定向困难：难以感知和理解自己在空间中的位置和方向，容易迷失或迷路。

（4）运动不协调：运动协调性较差，例如行走时姿势不稳定、运动动作笨拙等。

（5）视觉问题：与前庭觉统合失调相关的视觉问题包括眼球震颤、模糊视觉、焦点调节困难等。

（6）晕车反应：对乘坐交通工具或进行快速旋转等活动敏感，容易引发晕车反应。

（7）恶心和呕吐：经常伴随着眩晕或晕眩感出现恶心和呕吐的症状。

（8）运动敏感性：对快速运动、旋转、颠簸等刺激过敏，可能引发不适感或过度反应。

这些表现可能会影响个体的平衡感觉、空间定向和运动协调能力，对日常生活和活动产生影响。前庭觉统合失调的程度和表现因个体而异，有些人可能只表现出部分或轻度的症状，而其他人可能更严重地受到影响。

7. 本体觉统合失调的表现

（1）身体意识困难：难以感知和理解自己身体的位置、姿势和动作，容易感到笨拙或不稳定。

（2）运动协调问题：运动协调性较差，例如行走时姿势不稳定、运动动作笨拙等。

（3）空间定向困难：难以感知和理解自己在空间中的位置和方向，容易迷失或迷路。

（4）疲劳和不适感：长时间进行身体活动后容易感到疲劳、不适或不舒服。

（5）力量感知问题：难以感知和调节身体的力量和紧张度，可能过度用力或用力不足。

（6）触觉敏感度变化：对触摸刺激的敏感度增加或减弱，可能感觉触摸过于刺激或无法感知轻微的触摸。

（7）肌肉张力调节困难：难以调节肌肉的张力和紧张度，可能导致肌肉僵硬或松弛。

（8）空间感知问题：对周围环境和物体的大小、距离和关系的感知困难。

这些表现可能会影响个体对身体位置、运动和力量的感知和理解，对日常生活和活动产生影响。本体觉统合失调的程度和表现因个体而异，有些人可能只表现出部分或轻度的症状，而其他人可能更严重地受到影响。

三、感觉统合失调的原因

1. 遗传

遗传因素在感觉统合失调中起着重要作用。研究表明，感觉统合失调可能与遗传基因的变异有关。某些基因突变可能会影响大脑神经通路的发育和感觉信息的处理方式，从而导致感觉统合失调的出现。家族中存在感觉统合困难的成员也增加了儿童患上感觉统合失调的风险。

2. 孕期各种问题

孕期的一些问题可能会影响胎儿的神经发育和感觉系统的形成，从而导致感觉统合失调。这些问题包括母体在孕期期间的感染、疾病、药物使用、酒精或药物滥用，以及胎儿发育时的脑损伤等。这些因素可能会干扰感觉系统的正常发育，影响感觉统合的功能。

3. 抚育不当

早期的抚育环境对感觉统合的发展至关重要。缺乏温暖、稳定的抚育环境、亲密的肢体接触、适当的刺激和互动，以及缺乏有序的日常例行活动，都可能对感觉统合发展造成不良影响。过度或不足的刺激、不规律的生活节奏、缺乏安全感的环境等都可能干扰感觉系统的正常发展。

4. 教育方式

不正确的教育方式也可能对感觉统合产生负面影响。对于感觉统合困难的儿童，过度或不足的教学压力、刺激过载、无效的教学方法等都可能使他们更加困惑和挫败。教育者缺乏对感觉统合困难的了解也可能影响儿童的学习和发展。

5. 生产方式

不正常的生产方式，如产程过长、使用产钳或吸引器等工具，可能对婴幼儿的感觉系统和大脑发育造成不利影响。这些生产方式可能会引起脑部受压或受力，导致神经通路受损，影响感觉统合的正常发展。

6. 家庭环境

家庭环境对感觉统合的发展也具有重要影响。家庭中的高压、紧张的氛围、家庭冲突、家庭成员之间的紧张关系等不良因素都可能干扰儿童的感觉统合发展。缺乏稳定、支持性和刺激丰富的家庭环境可能限制儿童的感觉体验和发展。

7. 幼儿的气质特点

幼儿的气质特点也可能与感觉统合困难相关。一些儿童天生对感觉刺激更敏感或不敏感，这可能影响他们对感觉信息的处理和整合能力。例如，有些儿童可能对触觉或噪声过敏，对环境的变化或新刺激反应较强烈。

8. 父母的自身状况

父母的自身状况也可能对儿童的感觉统合发展产生影响。例如，父母的心理健康问题、压力、焦虑或抑郁可能影响家庭环境和亲子互动，从而对儿童的感觉统合产生负面影响。

需要注意的是，感觉统合失调的原因是多元的，各个因素之间相互交织、相互影响。同时，每个儿童的感觉统合困难可能由多个原因共同作用导致。因此，在评估和干预感觉统合失调时，综合考虑多个因素是至关重要的。

四、感觉统合失调的改善对策

1. 前庭觉训练

前庭觉涉及平衡和空间定位。训练前庭觉可以帮助改善平衡感、协调性和空间感知能力。

（1）秋千训练：使用各种类型的秋千（如盘式秋千、网式秋千）来刺激前庭系统。

（2）滚筒训练：在一个大滚筒上滚动，促进前庭觉的激活。

（3）平衡训练：在平衡木或摇摆板上进行行走和站立练习（见图 1-1）。

图 1-1　平衡训练

（4）旋转活动：让孩子在旋转椅上轻轻旋转，注意适量控制，以防过度刺激。

2. 本体觉训练

本体觉涉及对身体位置和运动的感知。通过本体觉训练，可以改善身体协调性和运动规划能力。

（1）深压触觉：使用压力服或重力毯提供深压感，帮助个体感知身体界限。

（2）运动计划活动：如攀爬架、爬行隧道和跳跃游戏，帮助个体提高身体协调性和运动规划能力。

（3）推拉活动：如推箱子或拉重物，可以增强肌肉感觉和关节位置感。

（4）跳跃训练：在蹦床上跳跃，或者进行跳绳活动。

（5）方向感的训练：可以帮助儿童提高对身体在空间中的定位和方向的感知能力。通过游戏、活动和探索环境，儿童可以学习使用视觉、听觉和触觉等感觉信息来确定自己的方向和位置。例如，玩迷宫游戏、指导儿童进行方向判断的活动等都有助于提高他们的方向感知能力（见图 1-2）。

图 1-2　蒙眼进行方向感训练

3．触觉训练

触觉涉及对触摸和温度的感知。通过触觉训练，可以帮助个体更好地处理和响应触觉信息。

（1）触摸不同材质：让孩子触摸各种不同的材质（如沙子、米粒、水珠、泥土），帮助他们习惯不同的触感。

（2）刷子疗法：使用柔软的刷子轻轻刷孩子的皮肤，帮助他们适应触觉刺激。

（3）按摩：定期进行轻柔的按摩，可以帮助孩子放松并改善触觉处理。

（4）感官箱：在箱子里装入各种材质的小物品，让孩子用手去探索。

4．节奏与韵律的训练

节奏与韵律训练可以帮助儿童提高感觉统合能力和身体协调性。通过音乐、舞蹈、击鼓或其他有节奏的活动，儿童可以锻炼身体的节奏感和动作的协调性。这些训练可以促进儿童对感觉刺激的整合，提高身体控制和运动技能。

五、感觉统合失调的预防

1. 生理方面的护理

（1）提供适当的感觉刺激：婴幼儿期对感觉刺激的需求很高，提供适当的触觉、听觉、视觉和运动刺激对于感觉系统的正常发展至关重要。为婴幼儿提供丰富多样的感觉体验，如亲密的肢体接触、听音乐、观看丰富的视觉刺激等。

（2）保持良好的营养和健康状况：婴幼儿期的营养和健康状况对于感觉系统的发展和功能至关重要。确保婴幼儿获得均衡的饮食，充足的睡眠，定期的体检和接种疫苗，以保持良好的身体健康。

（3）鼓励运动和体育活动：运动和体育活动对于感觉统合的发展非常重要。鼓励婴幼儿进行适龄的运动和体育活动，如爬行、翻滚、爬山、跳跃等，以促进身体的感觉统合和协调能力的发展。

2. 心理方面的护理

（1）提供安全和稳定的环境：为婴幼儿提供安全、稳定和有秩序的环境有助于他们建立稳定的感觉统合基础。创造一个温馨、亲密、安全的家庭环境，减少不必要的噪声和刺激，以帮助婴幼儿感到安心和放松。

（2）建立亲子关系和亲密的肢体接触：亲子关系对于婴幼儿的感觉统合发展至关重要。与婴幼儿建立亲密的肢体接触、提供安抚和安全感，有助于培养他们的感觉统合能力。

（3）提供情感支持和认知刺激：婴幼儿需要得到父母和主要照顾者的情感支持和认知刺激。与婴幼儿互动、交流、玩耍，并提供丰富的语言和认知刺激，可以促进他们的感觉统合和认知发展。

3. 感觉统合失调预防的具体措施

（1）触觉方面。

①提供愉悦的触觉体验：为婴幼儿提供愉悦和丰富的触觉体验是预防感觉统合失调的重要方面。这可以包括轻柔的按摩、温暖的拥抱、亲密的肢体接触和抚摸等。这些亲密的触觉体验有助于婴幼儿建立安全感和情感联系，并促进触觉系统的健康发展。

②使用不同材质的触觉刺激：提供丰富多样的触觉刺激可以帮助婴幼儿的触觉系统得到全面的发展。使用不同材质的玩具、布料和表面材料，让婴幼儿触摸不同的质地，如光滑、粗糙、软绵等，以促进他们的触觉感知和触觉差异的辨别能力。

③创造安全的触觉环境：确保婴幼儿所处的环境是安全、干净和舒适的，以减少不必要的触觉刺激和过度的触觉敏感性。注意避免刺激性强的材料和物品，如粗糙的纤维、强烈的香气和刺激性的清洁剂等。

④鼓励手部活动：手部活动对于触觉系统的发展至关重要。鼓励婴幼儿进行手部探索和活动，如抓握、抓取、触摸和搓揉等。这些活动可以帮助婴幼儿加强手部肌肉的力量和灵敏度，提高触觉感知和手眼协调能力。

⑤提供触觉安抚工具：对于一些感觉过敏或触觉敏感的婴幼儿，提供触觉安抚工具可以帮助他们调节触觉刺激和情绪。这可以包括提供柔软的毛绒玩具、安抚毯或重压毯等，以提供适度的压力和触觉安慰。

（2）前庭平衡方面。

①提供平衡性活动：鼓励婴幼儿参与平衡性活动，如爬行、爬楼梯、站立和走路等。这些活动可以帮助婴幼儿发展前庭系统，提高平衡能力和身体协调性。

②提供视觉和运动协调的活动：视觉和前庭系统密切相关，提供视觉和运动协调的活动可以帮助婴幼儿发展前庭平衡能力。例如，让婴幼儿追逐移动的玩具、观察运动的物体，并鼓励他们进行手眼协调的活动。

③注重头部控制：头部控制对于前庭平衡至关重要。鼓励婴幼儿进行头部的探索和控制活动，如抬头、转头、保持头部稳定等。这有助于发展婴幼儿的前庭系统和头部控制能力。

④提供平衡性玩具和设备：为婴幼儿提供平衡性玩具和设备，如平衡木、摇摆玩具、滑梯等。这些设备可以提供平衡性挑战，促进婴幼儿前庭平衡能力的发展。

⑤提供安全的环境和支持：在婴幼儿进行前庭平衡活动时，确保提供

安全的环境和适当的支持。例如，在婴幼儿学习站立和行走时，提供稳固的支撑和保护，以减少摔倒和受伤的风险。

⑥持续监测和早期干预：定期监测婴幼儿的前庭平衡发展，并在早期发现任何异常时寻求专业的干预和治疗。早期干预可以帮助纠正潜在的问题，并促进婴幼儿的前庭平衡能力的健康发展。

（3）肌肉关节动觉方面。

①提供丰富的运动经验：为婴幼儿提供丰富多样的运动经验，包括爬行、翻滚、跳跃、投掷等。这些运动活动可以促进婴幼儿的肌肉和关节发展，提高肌肉力量和灵敏度。

②注重姿势控制：鼓励婴幼儿进行姿势控制的活动，如坐立、站立和行走。这些活动可以帮助婴幼儿发展肌肉和关节的控制能力，提高姿势稳定性和身体协调性。

③提供手部和脚部活动：手部和脚部的肌肉和关节动觉对于感觉统合至关重要。鼓励婴幼儿进行手部和脚部的活动，如抓握、踏步等。这些活动可以帮助婴幼儿发展手部和脚部肌肉的力量和灵敏度，提高动觉感知和手脚协调能力。

④提供适度的压力刺激：适度的压力刺激可以促进肌肉关节动觉的发展和感知。例如，使用压力球、橡皮筋或适度的按摩，给予婴幼儿适度的压力刺激，以增加他们对肌肉关节的感知和反馈。

⑤注重姿势调整：在婴幼儿进行肌肉关节活动时，注重姿势的调整和支持。确保婴幼儿在正确的姿势下进行活动，避免不正确的姿势和动作对肌肉和关节的负面影响。

⑥提供适当的支持和辅助工具：根据婴幼儿的需要，提供适当的支持和辅助工具，如手推车、步行器或支撑器等。这些工具可以帮助婴幼儿进行肌肉和关节的活动，提供额外的支持和稳定性。

⑦持续监测和早期干预：定期监测婴幼儿的肌肉关节动觉发展，并在早期发现任何异常时寻求专业的干预和治疗。早期干预可以帮助纠正潜在的问题，并促进婴幼儿肌肉关节动觉能力的健康发展。

（4）精细动作方面。

①提供手部和手指的活动：鼓励婴幼儿进行手部和手指的活动，如抓握、捏取、拧转等。这些活动可以促进手部和手指肌肉的力量和灵活性，提高精细动作的协调性。

②提供精细动作刺激：提供各种精细动作刺激，如拼图、穿珠子、剪纸等。这些活动可以锻炼婴幼儿的手眼协调能力和精细动作技巧。

③注重手指控制：鼓励婴幼儿进行手指控制的活动，如抓小物品、弹琴、书写等。这些活动可以帮助婴幼儿发展手指的独立控制能力和精细动作技能。

④提供适当的玩具和工具：选择适当的玩具和工具，如积木、拼图、涂鸦工具等，以促进婴幼儿的精细动作发展。这些玩具和工具可以提供不同的触觉和运动刺激，帮助婴幼儿发展手部和手指的协调性和精细动作技能。

⑤鼓励自我照顾活动：鼓励婴幼儿进行自我照顾活动，如穿衣、洗手、自己吃饭等。这些活动可以促进婴幼儿的精细动作技能和自理能力的发展。

⑥提供适当的支持和指导：在婴幼儿进行精细动作活动时，提供适当的支持和指导。根据婴幼儿的发展水平，给予适当的帮助和鼓励，帮助他们逐步发展精细动作技能。

⑦持续监测和早期干预：定期监测婴幼儿的精细动作发展，并在早期发现任何异常时寻求专业的干预和治疗。早期干预可以帮助纠正潜在的问题，并促进婴幼儿精细动作能力的健康发展。

（5）视知觉方面。

①提供良好的视觉环境：为婴幼儿提供明亮、清晰、刺激丰富的视觉环境。保持房间明亮，避免过暗或过亮的环境。提供各种视觉刺激，如鲜艳的颜色、有趣的图案和形状，以促进视觉发展。

②鼓励注视和追视：与婴幼儿进行互动时，注重眼神接触和注视的训练。通过玩耍、唱歌等活动吸引婴幼儿的注意力，并鼓励他们注视、追视移动的物体或人。

③提供适当的视觉刺激：选择适合婴幼儿年龄和发展水平的视觉刺激，如图书、图形卡片、视觉玩具等。这些刺激可以促进婴幼儿的视觉追踪、注意力和观察能力的发展。

④避免过度依赖电子屏幕：尽量减少婴幼儿长时间暴露在电子屏幕（如电视、平板电脑、手机）前的时间。过度依赖电子屏幕可能会对婴幼儿的视觉发展产生负面影响。

⑤鼓励视觉追踪和目标定位：通过游戏和活动鼓励婴幼儿进行视觉追踪和目标定位的训练。例如，让婴幼儿追随移动的物体、玩具或手指，并引导他们将目光集中在目标上。

⑥注重眼部协调和眼球运动：进行适当的眼球运动和眼部协调训练，如眼球水平移动、垂直移动、斜视等。这有助于婴幼儿发展良好的眼球控制能力和视觉追踪能力。

⑦定期进行视觉检查：及早发现和纠正可能的视觉问题。定期带婴幼儿进行眼部检查，包括眼睛健康状况、屈光度等方面的评估。

（6）听知觉方面。

①提供安静的环境：为婴幼儿提供安静的环境，避免噪声干扰。减少背景噪声可以帮助婴幼儿更好地聆听和处理声音。

②提供丰富的听觉刺激：为婴幼儿提供各种不同的听觉刺激，包括音乐、儿歌、自然声音等。这些刺激有助于促进听觉感知和听觉刺激的整合。

③鼓励听觉关注和听觉追踪：与婴幼儿进行互动时，注重声音的产生和方向的训练。通过制造声音、音乐、拍手等活动吸引婴幼儿的注意力，并鼓励他们关注声音来源和追踪声音的移动。

④增强听觉敏感性：通过各种听觉刺激和活动，增强婴幼儿的听觉敏感性。例如，使用不同音调和音量的声音刺激，引导婴幼儿区分不同的声音特征。

⑤避免过度噪声刺激：尽量减少婴幼儿长时间暴露在过度噪声环境中的时间。过度噪声刺激可能会对婴幼儿的听觉发展产生负面影响。

⑥注重听觉定位和声音识别：通过游戏和活动鼓励婴幼儿进行听觉定位和声音识别的训练。例如，让婴幼儿听声音并试图找出声音的来源，或是通过听觉配对游戏来帮助他们识别不同的声音。

⑦定期进行听力检查：及早发现和纠正可能的听觉问题。定期带婴幼儿进行听力检查，包括听力敏感度、听觉反应等方面的评估。

第二章 感觉统合与注意力训练

在儿童的发展过程中，感知觉统合和注意力是两个重要的认知能力。感知觉统合是指大脑对多种感觉输入进行整合和协调的能力，包括视觉、听觉、触觉、前庭觉、本体觉等。而注意力是指儿童有意识地集中注意力于某个特定的刺激或任务上的能力。感知觉统合和注意力的良好发展对儿童的学习、行为和社交能力至关重要。本章将探讨感知觉统合与注意力的关系，并介绍相关的训练方法和策略。

第一节　视　知　觉

一、视知觉的定义

视知觉是通过视觉系统获取、分析和处理外部视觉信息的过程。它是人类感知系统中最重要和最常用的一种感知方式。视知觉包括对视觉刺激的感知、辨别、识别、组织和理解。通过视知觉，人们能够感知物体的形状、颜色、大小、运动等特征，并将这些信息整合成有意义的感知。

视知觉涉及多个层次的处理，包括低层次的感知处理和高层次的认知加工。在低层次的感知处理中，视觉信息经过感光细胞的转换和初步加工，包括对亮度、颜色、对比度等基本特征的提取。在高层次的认知加工中，大脑对视觉信息进行更复杂的分析和解释，包括对物体、场景和运动的识别和理解。

视知觉的发展是儿童认知发展的重要组成部分。在婴幼儿期，儿童开始通过视觉系统接收和处理外界的视觉刺激。随着年龄的增长和经验的积累，他们逐渐发展出对形状、颜色、运动等视觉特征的辨别能力，并能够将这些信息与其他感觉信息进行整合和联结。视知觉的良好发展对儿童的学习、认知和日常生活至关重要。

需要注意的是，视知觉不仅仅是单纯的感知过程，它还与其他感觉系统和认知过程相互作用。视知觉与触觉、听觉、前庭感觉等感觉系统之间存在着密切的关系，并相互影响。此外，视知觉也受注意力、记忆、语言等认知过程的调节和影响。因此，视知觉的发展和培养在儿童的感觉统合训练和认知训练中至关重要。

二、视知觉的能力

1. 视知觉能力的含义

视知觉能力是指人在感知和处理视觉信息方面的能力。它涵盖了多个方面的能力，包括感知、辨别、识别、组织和视觉信息解释的能力。

（1）视觉感知能力：视知觉能力包括对外界视觉刺激的感知和接收能力。它涉及视觉系统对亮度、颜色、对比度等基本特征的敏感度和感知能力。

（2）视觉辨别能力：视知觉能力还包括对不同视觉刺激之间的差异进行辨别和识别的能力。这包括辨别不同形状、颜色、大小、方向、运动等视觉特征的能力。

（3）视觉识别能力：视知觉能力还涉及对物体、人脸、文字等特定视觉信息进行识别和辨认的能力。这需要将感知到的视觉信息与之前的经验和知识进行匹配和比较，从而实现对具体对象的识别和理解。

（4）视觉组织能力：视知觉能力还包括对视觉信息进行组织和整合的能力。这包括将分散的视觉元素组合成有意义的形状、图像或场景的能力，以及对视觉信息进行空间和时间上的整合和结构化的能力。

（5）视觉解释能力：视知觉能力还涉及对视觉信息进行解释和理解的

能力。这包括对视觉信息进行推理、归纳和概括的能力，从而得出对视觉信息的更深层次的理解和意义。

视知觉能力的发展是一个渐进的过程，在儿童的成长和发展中逐步提升。它受到基因、环境、经验和训练等多种因素的影响。通过适当的视知觉训练和体验，儿童可以提高他们的视知觉能力，从而更好地感知和理解视觉世界，支持他们的学习、认知和日常生活。

2. 视知觉能力的分类

视知觉能力的阶层理论提供了一种理解和描述视知觉能力层次结构的框架。该理论认为，视知觉能力可以分为多个层次，每个层次都构建在前一个层次的基础上，从低层次的感知处理到高层次的认知加工。以下是常见的视知觉能力阶层理论：

（1）低层次感知：低层次感知是视知觉能力的基础，它包括对基本的视觉特征进行感知和辨别，如亮度、颜色、对比度和形状的感知。在这一层次上，大脑对视觉输入进行初步的处理和编码。

（2）辨别和识别：在这个层次上，视知觉能力涉及对物体和形状进行辨别和识别。这包括对不同物体的辨别和对物体的类别、身份或特征的识别。该层次的处理涉及到对视觉信息的分析、比较和匹配。

（3）组织和整合：在这个层次上，视知觉能力涉及对视觉信息的组织和整合。这包括将视觉元素组合成更大的结构和形状，以及将分散的视觉信息整合成有意义的场景、图像或模式。这个层次的处理涉及对空间关系和上下文的感知和理解。

（4）空间认知和视觉推理：在这个层次上，视知觉能力涉及对空间关系、方向和运动的感知和理解。这包括对物体位置、方向和运动的感知，以及对物体和场景之间的关系和变化的理解。该层次的处理涉及到对视觉运动的整合和对空间布局的认知。

（5）高级认知和决策：在这个层次上，视知觉能力涉及对视觉信息的高级处理、分析和决策。这包括对视觉信息进行推理、归纳和概括，以及对视觉世界的理解和解释。在这个层次上，视知觉与其他认知过程，如记忆、语言和注意力等相互交互和影响。

三、婴幼儿期视知觉的发展

婴幼儿期是视知觉发展的关键时期，视觉对于他们的认知和探索世界起着重要的作用。在婴幼儿的早期发展阶段，他们通过观察、注视和感知来建立对外界环境的认知。以下是关于婴幼儿视知觉发展的一些重要特点和里程碑。

在出生后的几个月里，婴幼儿的视觉系统正在快速发展。他们开始对亮度、颜色和运动等基本视觉特征表现出兴趣和敏感性。刚出生的婴儿更容易被高对比度和简单形状的物体吸引，他们喜欢观察面部特征，特别是眼睛和嘴巴。

随着时间的推移，婴幼儿的视知觉能力逐渐提高。大约在 3~4 个月的时候，他们开始能够跟踪移动的物体，并对复杂的视觉刺激产生兴趣。他们开始发展对深度感知和三维空间的认知，能够辨别物体的大小和距离。此外，婴幼儿还逐渐建立起对面部表情的敏感性，能够识别和反应不同的情感表达。

在 6 个月左右，婴幼儿开始发展出更为复杂的视知觉能力。他们开始对复杂的图形和图像产生兴趣，并能够识别一些常见的物体和图案。他们能够通过观察和模仿来学习新的动作和技能。此时，婴幼儿的手眼协调能力也得到了改善，他们能够更好地探索和操作周围的物体。

到了 1 岁左右，婴幼儿的视知觉能力继续发展。他们开始对物体的细节和特征更加敏感，并能够更好地辨别不同的形状、颜色和大小。婴幼儿的注意力和观察能力也得到了提高，他们能够更长时间地专注于观察一个物体或场景。此外，婴幼儿还开始发展出对物体运动和位置的感知和理解，他们能够追踪和预测物体的运动轨迹。

总的来说，婴幼儿的视知觉发展是一个逐渐积累和提升的过程。他们从对基本视觉特征的感知开始，逐渐发展出对复杂刺激和视觉信息的处理能力。他们的视知觉发展与其他认知和运动发展密切相关，相互促进和影响。对于婴幼儿的视知觉发展的理解，有助于为他们提供适当的视觉刺激和环境，促进他们的认知和学习能力的发展。

四、视知觉统合失调的表现及影响

1. 视知觉统合失调的表现

视知觉统合失调是一种常见的感觉统合障碍，它影响了个体对视觉信息的处理、整合和应对能力。以下是一些视知觉统合失调可能表现出的常见特征：

（1）视觉敏感性：儿童可能对强烈的视觉刺激过度敏感，例如强光、强烈的颜色或快速的运动。儿童可能会因此感到不适或焦虑，并试图避开或回避这些刺激。

（2）视觉模糊或不稳定：儿童可能经常感到视觉上的模糊或不稳定，无法清晰地看到或关注特定的物体或字母。可能会出现视觉模糊、双影或视野模糊的感觉。

（3）视觉追踪困难：儿童可能在跟踪移动物体或在视觉切换任务中遇到困难。可能无法平稳地跟随运动物体的轨迹，导致阅读困难、运动技能差或眼球协调问题。

（4）空间感知问题：儿童可能在空间感知和定向方面遇到困难，无法准确地估计物体的距离、方向或位置，导致运动不协调、常常碰撞或在空间导航中迷失。

（5）视觉整合问题：儿童可能在将多个视觉信息整合成一个整体的过程中遇到困难，无法将分散的视觉元素组合成有意义的图像或模式，导致对复杂视觉信息的理解和识别困难。

（6）视觉－运动协调问题：儿童可能在视觉和运动之间的协调和整合方面遇到困难，无法准确地将视觉信息与身体运动相匹配，导致运动笨拙或困难。

（7）视觉记忆和注意力问题：儿童可能在视觉记忆和注意力方面遇到困难，可能难以成功注意到视觉信息，或无法集中精力于视觉任务，记忆视觉信息的能力较差。

这些表现可能会在日常生活中影响个体的学习、运动技能、社交交往和自理能力。因此，对于表现出视知觉统合失调迹象的儿童，早期的

33

评估和干预是至关重要的，以帮助他们克服困难，提高日常生活的功能和质量。

2. 视知觉统合失调的影响

视知觉统合失调对个体的影响可以涵盖多个方面，包括学习、运动、社交、情绪和日常生活等方面。以下是一些常见的影响：

（1）学习困难：视知觉统合失调可能导致学习困难，因为个体在处理和理解视觉信息方面遇到困难。视知觉统合失调的儿童可能无法有效地阅读和理解书面材料，难以识别和记忆视觉信息，影响他们的学习能力和学习成绩。

（2）运动技能障碍：视知觉统合失调可能影响个体的运动协调和技能发展。儿童可能在运动中显得笨拙或不稳定，如跑步、跳跃、抓握、书写等。这可能影响儿童参与体育活动、运动游戏和其他日常生活中的运动任务。

（3）社交困难：视知觉统合失调可能对个体的社交交往产生影响。儿童可能在观察和理解他人的面部表情、身体语言和非语言信号方面存在困难。这可能导致儿童在社交互动中感到困惑或不适应，难以建立和维持良好的人际关系。

（4）情绪问题：视知觉统合失调可能与情绪问题相关。儿童可能因为对视觉刺激过度敏感或无法有效处理视觉信息而感到焦虑、不安或易激动。这可能影响儿童的情绪调节和情绪表达能力。

（5）日常生活困难：视知觉统合失调可能对个体的日常生活功能产生影响。儿童可能在日常任务中遇到困难，如衣着整理、个人卫生、食物摄入等。儿童可能对环境的变化和复杂性敏感，导致适应困难。

五、视知觉统合失调的训练方法

1. 视觉感知能力训练方法

（1）视觉追踪训练：使用移动的目标，引导儿童用眼睛追踪目标物的运动，以提高眼球协调和追踪能力。

（2）视觉定位训练：通过视觉找到目标的位置，例如在图中找到特定的形状、颜色或物体，以提高空间定位和视觉记忆能力。

（3）视觉注意力训练：通过引导儿童专注于特定的视觉信息，培养儿童的视觉注意力。可以使用视觉搜索活动，要求儿童在一组图像中找到特定的目标，逐渐增加难度和复杂性。

（4）形状和图案识别训练：通过使用卡片或图像来训练儿童辨认和识别不同形状和图案。可以逐步增加形状的复杂性和图案的多样性，帮助儿童提高形状和图案的感知能力。

（5）视觉记忆训练：通过观察和记忆一组图像或物体的位置、形状或颜色，然后要求儿童回忆并指出变化或缺失的部分。这种训练可以提高儿童的视觉观察和视觉记忆能力。

（6）视觉模式识别训练：通过让儿童辨认和分类不同的视觉模式，例如相同形状但大小不同的物体，或相同图案但颜色不同的图像。这种训练可以培养儿童的视觉辨别和分类能力（见图2-1）。

图2-1　视觉感知能力训练方法

2.视觉辨别能力训练方法

（1）形状辨别训练：使用卡片、拼图或图像，要求儿童辨认和区分不同形状，例如圆形、正方形、三角形等。逐渐增加形状的复杂性和变化，帮助儿童提高形状辨别能力。

（2）颜色辨别训练：使用颜色卡片、彩色物体或图像，要求儿童辨认和区分不同的颜色。可以进行颜色分类游戏或找出特定颜色的物体，提高儿童的颜色辨别能力。

（3）大小辨别训练：使用不同大小的物体或图像，要求儿童辨认和区分它们的大小。可以进行大小排序或比较大小的活动，帮助儿童提高大小辨别能力。

（4）方向辨别训练：使用箭头图像或方向指示物体，要求儿童辨认和区分不同的方向，例如上下、左右、前后等。可以进行方向排序或方向指引游戏，提高儿童的方向辨别能力。

（5）图案辨别训练：使用不同的图案或复杂的图像，要求儿童辨认和区分它们的差异。可以进行图案匹配、图案重复或图案延伸活动，帮助儿童提高图案辨别能力。

（6）字母和数字辨别训练：通过字母和数字卡片、书籍或游戏，要求儿童辨认和区分不同的字母和数字。可以进行字母或数字排序、字母或数字识别游戏，帮助儿童提高字母和数字辨别能力（见图2-2）。

图 2-2　视觉辨别能力训练方法

3. 视觉识别能力训练方法

（1）物体识别训练：使用不同的物体、图像或卡片，要求儿童辨认和识别它们的名称。可以通过展示物体并说出名称，或者通过卡片匹配物体和名称，帮助儿童提高物体识别能力。

（2）图像识别训练：使用图像或照片，要求儿童辨认和识别其中的内容，例如动物、交通工具、食物等。可以使用图像分类活动、图像命名游戏等，帮助儿童提高图像识别能力。

（3）面部识别训练：使用不同的面部表情或面孔照片，要求儿童辨认和识别不同的情绪或人物。可以进行面部表情配对、人物识别游戏等，帮助儿童提高面部识别能力。

（4）字词识别训练：通过字卡、书籍或游戏，要求儿童辨认和识别不同的字词。可以进行字词辨认、字词排序或字词拼写活动，帮助儿童提高字词识别能力。

（5）图案识别训练：使用复杂的图案或图像，要求儿童辨认和识别其中的特定模式或形状。可以进行图案辨认、图案排序或图案补全活动，帮助儿童提高图案识别能力。

（6）颜色识别训练：使用颜色卡片、彩色物体或图像，要求儿童辨认和识别不同的颜色。可以进行颜色分类、颜色排序或颜色命名活动，帮助儿童提高颜色识别能力（见图2-3）。

图 2-3 视觉识别能力训练方法

4.视觉组织能力训练方法

（1）空间定向训练：通过使用迷宫、拼图或建模玩具等，要求儿童在空间中进行定位和导航。可以进行迷宫解谜、拼图拼装或模型建造等活动，帮助儿童提高空间定向能力。

（2）空间关系训练：使用几何图形、拼图或构建玩具等，要求儿童理解和应用空间关系，例如上下、前后、左右等。可以进行几何图形拼装、模型构建或空间方向指引游戏，帮助儿童提高空间关系能力。

（3）图像排列训练：使用一系列图像、卡片或物体，要求儿童根据规则或特定的顺序进行排列和组织。可以进行图像排序、卡片序列或物体分类活动，帮助儿童提高图像排列能力。

（4）图案复制训练：给儿童展示一个图案或设计，要求他们复制或再现相同的图案。可以使用图案板、积木或纸上绘画，帮助儿童提高图案复制能力。

（5）数量估计训练：通过给儿童展示一组物体或图像，要求他们估计数量。可以进行数量比较、数量匹配或数量估计活动，帮助儿童提高数量估计能力。

（6）视觉记忆训练：使用图像、卡片或物体进行视觉记忆游戏或任务，要求儿童观察和记忆细节。可以进行图像记忆挑战、卡片配对或物体隐藏游戏，帮助儿童提高视觉记忆和组织能力（见图2-4）。

图 2-4　视觉组织能力训练方法

5. 视觉信息解释能力训练方法

（1）图像描述训练：给儿童展示一幅图像或照片，要求他们描述图像中的内容和细节。可以进行图像描述比赛、图像故事编写或图像绘画讲解活动，帮助儿童提高图像描述能力。

（2）图像推理训练：给儿童展示一系列图像或情境，要求他们根据图像中的线索进行推理和预测。可以进行图像推理游戏、情景解析或故事情节推断活动，帮助儿童提高图像推理能力。

（3）图像关联训练：给儿童展示一组相关的图像，要求他们找出图像之间的关联或联系。可以进行图像关联配对、图像分类或图像序列活动，帮助儿童提高图像关联能力。

（4）视觉信息整合训练：使用多个图像、卡片或物体，要求儿童将它们组合成一个完整的图像或模式。可以进行图像拼贴、模型构建或视觉整合游戏，帮助儿童提高视觉信息整合能力。

（5）图像演绎训练：给儿童展示一个图像序列或故事情节的图像，要求他们按照先后顺序进行图像演绎和故事重述。可以进行图像故事串联、图像漫画编写或故事情节绘画活动，帮助儿童提高图像演绎能力。

（6）视觉比较训练：给儿童展示两个或多个图像，要求他们比较图像之间的差异和相似之处。可以进行图像比较排序、图像对比分析或图像相似性评估活动，帮助儿童提高视觉比较能力（见图2-5）。

图2-5　视觉解释能力训练方法

第二节　听　知　觉

一、听知觉概述

1. 听知觉的概念

听知觉是指个体通过听觉感受和理解声音的过程。它涉及对声音的感知、分辨和解释，以及对声音信息的处理和理解。听知觉是人类与周围环境进行交流和获取信息的重要方式之一。通过听觉，我们可以感知和辨别不同的声音，包括语言、音乐、环境声音等，从中获取信息、表达情感和理解世界。

听知觉涉及多个方面的能力和过程。首先，它包括对声音的感知和辨别能力，即能够分辨不同的声音和识别它们的特征，包括声音的音高、音量、节奏、音色等方面。其次，听知觉还涉及对声音的定位和方向感知能力，即能够判断声音来自何处以及声音的方向。这需要对声音的时间差和强度差进行分析和处理。此外，听知觉还包括对声音的注意力和集中力，以及对声音信息的加工处理和理解能力。这涉及对语言的理解、音乐的感知、情感的表达等。

听知觉在儿童的发展中起着重要作用。在婴幼儿期，听知觉的发展对语言和沟通能力的形成至关重要。婴幼儿通过倾听和模仿周围的声音，逐渐学会区分不同的声音，理解语言和表达情感。在幼儿和儿童期，听知觉的发展对学习和社会交往能力的提高具有重要意义。良好的听知觉能力可以帮助儿童更好地理解家长、老师的指导，及同伴之间的交流，提升学习效果和社交互动。

2. 听知觉与注意力的关系

（1）注意力对听知觉的影响：注意力的维持和质量会影响个体对声音信息的感知和理解。当注意力集中时，个体能够更有效地处理听到的声音，提高对声音的辨别和理解能力。相反，注意力分散或不稳定时，个体可能会错过重要的声音信息或无法准确地理解所听到的内容。

（2）听知觉对注意力的引导：声音可以作为注意力的引导器，吸引个体的注意力并帮助其集中注意力。例如，当听到突然的响声或人声时，我们往往会自动将注意力转向声音的来源，以便更好地理解和应对。因此，听知觉可以通过引发注意力的转移来影响个体对周围环境的关注和反应。

（3）听知觉与分神注意力：听知觉也与个体的分神注意力相关。分神注意力是指个体在执行任务时容易被外界干扰或内部思维分散的情况。对于一些儿童和成人来说，他们可能会对周围的声音产生较强的分心效应，导致注意力无法持续集中在当前任务上。这可能会影响他们的学习和工作效率。

（4）听知觉与专注力：听知觉和专注力之间存在着互动关系。专注力是指个体对某一任务或目标的持续集中和投入程度。良好的听知觉能力有助于个体更好地感知和理解所听到的声音，从而提高对特定任务的专注力。反过来，通过训练和提高专注力，个体可以更好地集中注意力并更有效地处理听知觉任务。

3. 听知觉与学习的关系

（1）语言学习：听知觉是语言学习的基础。通过倾听和理解语言中的声音，儿童能够学习到语音的发音规则、词汇的意义以及语法的结构。良好的听知觉能力可以帮助儿童更准确地感知和理解语言的细微差别，从而提高语言学习的效果。

（2）学习材料的理解：听知觉能力对于学习材料的理解和消化起着重要作用。通过听取教师的讲解、课堂上的讨论以及录音等方式，学生能够获取知识和信息。良好的听知觉能力可以帮助学生准确地接收并理解学习内容，从而更好地吸收和应用所学知识。

（3）注意力和集中力：听知觉对注意力和集中力的发展和维持起着重要作用。良好的听知觉能力可以帮助个体集中注意力，减少分心和干扰，更好地专注于学习任务。相反，听知觉困难或统合失调可能会导致分散注意力，从而错过重要信息，影响学习效果。

（4）学习策略和技巧：听知觉能力也与学习策略和技巧的选择和应用

密切相关。通过良好的听知觉能力，学生能够更好地理解教材、提取关键信息，并运用适当的学习策略，如记笔记、提问和复述等，以促进知识的记忆和理解。

（5）听力推理和问题解决：听知觉能力对于听力推理和问题解决能力的发展至关重要。通过仔细聆听和理解信息，个体可以推理出隐藏在语言中的含义、关联和逻辑关系，从而解决问题和应对挑战。

二、听知觉的能力

1. 听觉辨别能力

指个体在听觉刺激中准确识别和区分不同的声音特征或声音之间的差异的能力。这包括辨别声音的音高、音调、音量、音质、节奏、音频特性等。良好的听觉辨别能力有助于个体准确地识别和区分语音中的不同音素、声调或语音单位，从而提高对语言和声音信息的理解能力。

2. 听觉记忆能力

指个体在听到声音后能够暂时存储和保持听觉信息的能力。这涉及对听到的声音进行短期记忆的处理和保持，以便后续的分析和处理。良好的听觉记忆能力可以帮助个体更好地理解复杂的语言句子、听取长篇故事或听到一系列的指令。

3. 听觉编序能力

指个体能够按照听到的声音的先后顺序对其进行组织和排序的能力。这包括识别和记忆声音的顺序、辨别声音序列中的模式和规律等。良好的听觉编序能力有助于个体理解和应用语言中的语法结构、故事情节的发展以及音乐中的旋律和节奏。

4. 听觉理解能力

指个体在听到声音后能够理解其含义和意义的能力。这涉及到对听到的语言或声音进行解码、理解和推理。良好的听觉理解能力可以帮助个体理解语言中的词汇、句子和段落的含义，从而建立更准确的语言理解和表达能力。

5. 听说结合能力

指个体能够将听到的声音和口语表达结合起来，进行有效的语言交流和表达的能力。这涉及到将听到的语言信息转化为口语表达，并能够准确地传达自己的意思。良好的听说结合能力有助于个体在语言交流中更流畅地表达自己的想法和理解他人的意思。

三、婴幼儿期听知觉的发展

婴儿的听知觉在出生后的早期就开始发展，并经历了不同的阶段。以下是婴儿听知觉发展的五个主要阶段：

1. 反射性听知觉阶段（出生至 2 个月）

在出生后的早期阶段，婴儿对声音刺激会产生自动的反射性反应，如吓到时的吸气反应或响声引起的惊吓。婴儿开始对周围的声音产生兴趣，并对声音的方向和强度有初步的感知。

2. 乐音区分阶段（2～6 个月）

在这个阶段，婴儿开始能够区分不同的音调和音高，并对乐音产生积极的反应。他们可以分辨出一些常见的声音，如门铃声、父母的声音和熟悉的歌曲。婴儿还会开始尝试模仿声音，例如咿呀学语。

3. 语言辨别阶段（6～12 个月）

在这个阶段，婴儿开始能够辨别语言中的音素和音节，例如辨别不同的辅音和元音。他们可以区分不同的语音特征，并开始理解简单的词汇和指令。婴儿也会开始尝试用语音回应和表达自己的意思。

4. 词汇理解阶段（12～18 个月）

在这个阶段，婴儿开始能够理解和识别更多的词汇，并将其与物体、人物和事件联系起来。他们能够理解简单的指令和问题，并用简单的语言回答。婴儿开始表达更多的意思和需求，并通过语言和声音与他人进行交流。

5. 语言发展阶段（18 个月以上）

在这个阶段，婴儿的听知觉能力进一步发展，他们能够理解和使用更多的词汇和语法结构。他们开始组织和表达更复杂的句子，并能够参与更深入的对话和交流。婴儿的听知觉能力与语言能力紧密相连，他们通过听觉输入和反馈来进一步发展和完善语言技能。

四、听知觉统合失调的表现

1. 过敏或过度敏感

对声音过敏，可能对一些常见的环境声音或高音敏感，如门铃声、吸尘器声音或火警警报声。噪声可能会引起不适、烦躁、紧张或情绪激动的反应。

2. 声音过滤困难

难以过滤背景噪声，导致注意力分散、听觉干扰和困惑。在嘈杂的环境中，很难集中注意力于目标声音或对话。

3. 声音辨别困难

难以准确辨别和识别不同的声音，如语音中的音素、音调、节奏和音量的差异。可能会难以理解别人的讲话，或无法辨别出声音的细节差异。

4. 音频过载

在有多个声音来源的环境中，感到压迫或困惑。过多的声音刺激可能导致疲劳、焦虑、情绪不稳定或退缩行为。

5. 音节分离困难

难以分辨和分离词汇中的音节，影响对语言的理解和发音的准确性。可能出现发音模糊、替换词汇或困惑语音的现象。

6. 耳语困难

难以理解低音量或不清晰的语音，如在嘈杂环境中的对话或远距离听取语言。可能需要请求重复或加大声音。

7. 声音倾向性

对某些声音或频率更感兴趣，可能过度专注于某些声音，如机械声、水流声、白噪声或自己发出的声音。

8. 身体反应

对声音刺激产生身体反应，如躲避或遮住耳朵，出现头痛、眩晕、耳鸣或身体不适等感觉。

9. 学习困难

听知觉统合失调可能对学习和语言发展产生影响。困难可能涉及听取和理解教师的讲解、遵循指令、学习新词汇和语法结构，以及语言表达的准确性。

五、听知觉统合失调的训练方法

1. 音频过滤训练

练习在嘈杂环境中过滤背景噪声，集中注意力于目标声音。可以使用一些听觉训练软件或游戏，通过逐渐增加背景噪声的难度，让个体学会区分和关注重要的声音。

2. 声音辨别训练

通过听辨不同的声音特征和模式来提高声音辨别能力。可以使用声音辨别游戏，让个体区分不同的音高、音调、音质和节奏，例如通过辨认乐器声音或模仿声音。

3. 多感觉整合训练

利用多种感觉输入来帮助整合听觉信息。例如，结合触觉、视觉和听觉刺激进行活动，如触摸不同材质的物体、观察图像和听取相应的声音，以促进多感觉整合的发展。

4. 声音定位和定向训练

通过定位和定向听觉任务，提高对声音方向和空间位置的感知能力。可以使用声音定位游戏或活动，让个体辨别声音来自哪个方向或位置，并进行相应的反应。

5. 聆听音乐和节奏训练

音乐和节奏训练可以帮助改善听觉统合和音频感知能力。参与音乐活动、合唱或学习乐器等，可以提升对音乐和节奏的感知、理解和参与能力。

6. 听觉注意力训练

通过不同的听觉任务和游戏，训练个体的听觉注意力和集中力。例如，听取听觉刺激并回答相应的问题或完成任务，逐渐提高个体对听觉信息的关注和处理能力（见图2-6）。

图 2-6　听觉注意力的训练方法

第三节　嗅　知　觉

嗅觉是人类最原始、最古老的感觉之一。通过嗅觉，我们能够感知并辨别各种气味，从花朵的香气到食物的味道，甚至是感受到特定地方的氛围和情绪。嗅知觉在儿童的感统发展中起着重要作用，对于他们的情感、认知和社交发展都具有重要影响。本节将介绍嗅知觉的重要性、发展过程以及在儿童感统训练中的应用。

一、嗅知觉的重要性

嗅觉不仅仅是一种感知气味的能力，它还与我们的记忆、情感和行为紧密相连。以下是嗅知觉的一些重要作用：

（1）情绪调节：不同的气味可以引起不同的情绪和情感反应。某些气味可以使人感到放松和愉快，如花香和清新的空气；而其他气味可能引起恶心或不适感，如烟雾或化学气味。通过嗅觉，儿童可以调节情绪、感受到安全和舒适的环境。

（2）认知发展：嗅觉可以激发记忆和学习。儿童通过嗅觉记忆可以识别食物、人物和环境，建立感觉记忆的联系。此外，嗅觉还与儿童的注意力、集中力和学习能力相关联。

（3）社交交流：嗅觉在社交互动中起着重要作用。儿童可以通过嗅觉识别熟悉的人和物体，感受到家庭成员、朋友和环境的独特气味。嗅觉也可以帮助建立情感联系，例如通过闻嗅个人的气味来增强亲密感和归属感。

二、嗅知觉的发展过程

嗅知觉的发展是从出生开始，逐渐成熟和提高的过程。以下是儿童嗅知觉发展的几个阶段：

（1）婴儿期：在出生后的几个月内，婴儿的嗅觉系统开始发展。他们可以通过嗅觉辨别母乳的味道，识别家庭成员的气味，并建立情感联系。婴儿会通过嗅觉记忆来辨别熟悉和陌生的气味，并对不同气味产生积极或消极的反应。

（2）幼儿期：在幼儿期，儿童的嗅觉系统逐渐发展，他们能够更准确地辨别不同的气味。他们开始对食物、花朵、动物等具有鲜明气味的物体表现出兴趣，并能够通过嗅觉识别和辨别这些物体。此外，儿童在幼儿期还开始学习不同气味的命名和分类。

（3）学龄期及青春期：随着年龄的增长，儿童的嗅觉系统变得更加敏感和准确。他们能够更好地辨别复杂的气味，例如香水、香料和草药的气味。在这个阶段，儿童开始通过嗅觉来区分不同的食物和饮料，发展个人的食物偏好。

三、嗅知觉在儿童感统训练中的应用

在儿童感统训练中，嗅知觉被广泛应用，以促进儿童的感觉统合和综合发展。以下是一些嗅知觉训练的方法和活动：

（1）气味辨别游戏：通过提供不同的气味样本，让儿童尝试辨别并命名各种气味。可以使用食物、植物、香水等具有特殊气味的物品，让儿童通过嗅觉来识别它们。

（2）气味记忆训练：使用各种气味样本，让儿童尝试记住不同的气味，并在稍后进行辨别和回忆。可以逐渐增加记忆难度，例如增加气味的数量或混合不同的气味。

（3）气味分类和排序：提供一系列具有不同气味的物品，让儿童将它们按照气味特点进行分类和排序。这可以帮助儿童发展气味辨别和归类的能力。

（4）气味和情绪联系：使用不同的气味刺激来引发情绪反应，让儿童描述和表达他们对不同气味的情感体验。这有助于儿童理解嗅觉和情绪之间的联系，并提升情绪调节能力。

（5）嗅觉探索活动：在户外或室内环境中进行嗅觉探索活动，让儿童闻嗅不同的气味来源，如花朵、树木、食物等。这可以促进他们对周围环境的感知和探索能力。

第四节　味　知　觉

一、味知觉的定义

味知觉是指通过舌头上的味蕾对食物中的化学物质产生的刺激进行感知和辨别的能力。味觉主要通过味蕾中的味觉感受器来感知食物的甜、酸、苦、咸等不同味道。味觉的发展和训练在儿童的感觉统合和整体发展中起着重要作用。

二、儿童味知觉的发展

1. 婴幼儿期

婴幼儿期的味知觉系统正在发育阶段。新生儿对味道的感知主要是通过嗅觉和味觉的综合作用来进行的。他们能够分辨和喜好甜味，并对苦味表现出不悦的反应。随着成长，婴幼儿的味觉系统逐渐成熟，他们能够更准确地辨别和喜好不同的味道。

2. 幼儿期

在幼儿期，儿童的味觉系统进一步发展。他们开始能够辨别更多种类的味道，包括甜、酸、苦、咸等。他们对不同味道的喜好和接受程度也会有所差异，这可能受到个体的偏好和文化因素的影响。

3. 学龄期及青春期

随着年龄的增长，儿童的味觉系统变得更加敏感和准确。他们能够更好地辨别不同味道的强度和细微差别。在这个阶段，儿童开始通过味觉来判断食物的新鲜程度和质量，并对食物的口感和味道有更高的要求。

三、味知觉在儿童感统训练中的应用

味知觉在儿童感统训练中具有重要的应用价值，可以帮助儿童提升感觉统合和综合发展的能力。以下是一些味知觉训练的方法和活动：

（1）味觉辨别游戏：通过让儿童品尝不同的食物和液体，让他们辨别和命名不同的味道。可以使用甜味的水果、酸味的柠檬汁、咸味的盐水等，让儿童通过口味的不同来进行辨别和分类（见图2-7）。

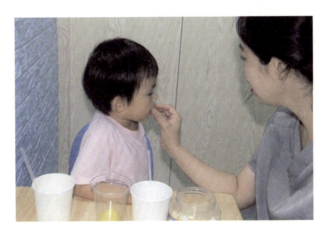

图 2-7　味觉辨别游戏

（2）味觉记忆训练：给儿童呈现一些具有特定味道的食物或液体，然后让他们闭上眼睛或遮住眼睛，通过嗅觉和味觉记忆来辨别和回忆这些味道。

（3）味觉探索活动：带领儿童参观食物市场、农场或工厂，让他们亲自体验不同食物的味道和气味。可以让他们观察食物的外观、触摸质地，并尝试不同的味道。

（4）味觉和情绪的联系：让儿童品尝不同味道的食物，并观察他们的情绪反应。例如，甜味可能引发愉悦和高兴的情绪，苦味可能引发厌恶和不悦的情绪。通过这样的活动，可以帮助儿童理解味觉和情绪之间的联系，并提升情绪调节能力。

第五节　触　　觉

一、触觉的定义

触觉是人体通过皮肤和其他身体部位感知物体接触和压力的能力。它是一种重要的感觉系统，通过触觉，我们可以感知物体的质地、温度、形状、重量和表面特征等信息。在儿童的感觉统合训练中，触觉的发展和训练起着重要的作用。

二、儿童触觉的发展

1. 婴幼儿期

在婴幼儿期，触觉系统是儿童感觉统合的基础之一。婴幼儿对于触觉的感知主要是通过皮肤和口腔来实现的。他们对于触觉刺激的敏感度较高，可以感知到不同的质地和温度。婴幼儿期的触觉发展也与他们的自我调节和情绪调节能力密切相关。

2. 幼儿期

在幼儿期，儿童的触觉系统进一步发展。他们能够更准确地辨别和感知物体的细微差别，例如不同的纹理、压力和温度。儿童开始通过触觉来探索和认知周围的世界，他们会通过触摸和握持物体来获取更多的信息和经验。

3. 学龄期及青春期

随着年龄的增长，儿童的触觉系统变得更加精细和准确。他们可以通过触觉判断物体的形状、大小、硬度和表面特征，从而更好地适应和应对不同的环境和任务。

三、触觉在儿童感统训练中的应用

触觉在儿童的感统训练中具有重要的应用价值，可以帮助儿童提升感觉统合和身体意识的能力。以下是一些触觉训练的方法和活动：

（1）触觉刺激活动：通过使用不同的触觉刺激物，如羽毛、绒毛、冰块、沙子等，让儿童进行触摸和感受不同的质地和温度。可以让他们用手指触摸、握持、挤压和移动触觉刺激物，以增强他们的触觉敏感度和触觉辨别能力。

（2）身体感知活动：通过身体接触和运动来加强触觉感知。例如，进行推挤、拉扯、按摩和刺激压力点的活动，可以提高儿童的身体意识和触觉敏感度。同时，这些活动也可以促进肌肉发展和身体协调性。

（3）穿着体验：让儿童尝试不同材质的衣物和鞋子，让他们感受到不同材质的触觉刺激。可以选择柔软的棉质、光滑的丝绸或粗糙的织物，让儿童穿着并观察他们对于不同触觉刺激的反应。

（4）触觉游戏：开展一些触觉游戏，例如盲目触摸、触觉迷宫和触觉配对游戏等。这些游戏可以帮助儿童发展触觉刺激的辨别和记忆能力，同时也可以增加他们的触觉探索和触摸技能（见图2-8）。

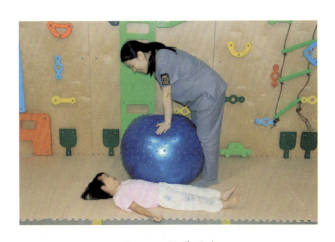

图2-8　触觉游戏

第六节　前　庭　觉

一、前庭觉的定义

前庭觉是指通过内耳中的前庭器官感知身体姿势和运动的能力。它是一种重要的感觉系统，可以帮助我们维持平衡、控制姿势、调节眼球运动和感知空间方向等。在儿童感统训练中，前庭觉的发展和训练对于儿童的运动协调和身体感知能力至关重要。

二、儿童前庭觉的发展

1. 婴幼儿期

在婴幼儿期，前庭觉的发展与儿童的头部控制和平衡能力密切相关。婴幼儿会通过前庭感受到自身的头部姿势和身体的运动。他们会在父母的怀抱中感受到前后、左右的晃动，同时也会通过自己的头部控制来感知身体的位置和运动。

2. 幼儿期

随着儿童的成长，前庭觉逐渐发展成为更加复杂的感觉系统。儿童能够通过前庭感受到自己的身体姿势和运动，同时也能够感知到外界的运动和空间方向。他们可以更好地控制自己的平衡和姿势，进行各种运动和活动。

3. 学龄期及青春期

在学龄期和青春期，前庭觉的发展趋于成熟。儿童可以更精确地感知自身的身体姿势和运动，并且能够更好地适应复杂的空间方向和控制身体动作。

三、前庭觉在儿童感统训练中的应用

前庭觉在儿童感统训练中起着重要的作用，它可以帮助儿童提升平衡能力、运动协调和空间感知能力。以下是一些前庭觉训练的方法和活动：

（1）平衡训练：通过进行平衡训练活动，如单脚站立、走直线、跳跃等，可以提升儿童的平衡能力和身体控制能力。这些活动可以刺激前庭系统，并帮助儿童发展平衡感觉（见图2-9）。

图 2-9　平衡能力训练游戏

（2）旋转和摇晃活动：让儿童参与旋转和摇晃活动，如旋转木马、秋千等，可以刺激前庭系统，增强儿童对旋转和加速度的感知能力。

（3）运动游戏：开展一些体育运动和游戏活动，如跳绳、跳跃、滚动等，可以提升儿童的运动协调和身体感知能力。这些活动不仅锻炼身体，还可以刺激前庭系统的发展。

（4）姿势调整活动：进行一些姿势调整活动，如站起坐下、俯卧起坐等，可以帮助儿童感知身体的位置和姿势，并提升身体的控制能力。

第七节　本　体　觉

一、本体觉的定义

本体觉是指通过肌肉、关节和骨骼的感觉反馈，感知和认识自己的身体位置、姿势和动作状态的能力。它是人体感觉系统的一部分，与平衡、协调和运动控制密切相关。本体觉使我们能够感知身体的位置、运动的力度和速度，从而实现精确的运动和姿势控制。

二、本体觉的功能

（1）身体位置感知：本体觉使我们能够准确感知自己身体的位置和姿势，包括头部、躯干、四肢等各个部位的位置和相对关系。

（2）运动感知：本体觉帮助我们感知和控制运动的力度、速度和幅度，使我们能够进行精确的运动和动作调整。

（3）平衡和协调：本体觉与平衡和协调密切相关，通过感知身体的重心位置和姿势变化，帮助我们维持平衡和协调各个肌肉群的动作。

（4）空间方位感知：本体觉使我们能够感知身体在空间中的位置和方向，帮助我们在环境中进行导航和定位。

三、婴幼儿本体觉的发展

（1）出生至6个月：在出生后的早期阶段，婴幼儿的本体觉主要通过感受肌肉和关节的张力和活动来感知身体的位置和姿势。

（2）6个月至2岁：随着婴幼儿的成长，本体觉逐渐发展，婴幼儿能够更准确地感知和控制自己的身体位置和运动。他们开始尝试不同的动作和姿势，逐渐掌握坐立、爬行、站立等基本运动技能。

（3）2~5岁：在这个阶段，儿童的本体觉进一步发展，他们可以更好地感知和控制自己的身体动作和姿势。他们能够进行更复杂的运动和动作调整，如跑跳、上下楼梯等。

四、本体觉统合失调的表现及影响

1. 本体觉统合失调的主要表现

（1）姿势和平衡问题：儿童可能表现出站立不稳、姿势不协调、容易摔倒等问题。

（2）运动困难：儿童可能在运动技能上有困难，如难以掌握步行、跑跳、捡东西等基本运动技能。

（3）手眼协调问题：儿童可能在手眼协调活动中表现出困难，如难以准确地投掷、接球、书写等。

（4）空间方位感知困难：儿童可能在空间定位、方向感知等方面有困难。

2. 本体觉统合失调的主要影响

（1）学习困难：本体觉统合失调可能影响儿童的学习能力，如阅读、写作、数学等方面的困难。

（2）社交问题：儿童可能因为姿势和运动问题而在社交活动中感到不自信，影响与他人的交流和互动。

（3）情绪问题：本体觉统合失调可能导致儿童情绪问题，如焦虑、注意力不集中等。

五、本体觉统合失调的训练方法

（1）身体感知游戏：通过各种身体感知游戏，如模仿动物的姿势、进行平衡训练等，帮助儿童加强对身体位置和姿势的感知（见图2-10）。

（2）运动协调训练：开展各种运动协调训练，如跳绳、踢球、平衡板训练等，提升儿童的身体协调能力和平衡能力。

（3）空间方位感知训练：如方向感知游戏、空间定位活动等，帮助儿童发展空间意识和方向感知能力。

（4）手眼协调训练：进行各种手眼协调训练活动，如投掷球类、拼图游戏等，提升儿童的手眼协调能力和精细动作能力。

图 2-10　本体觉游戏

第八节　注　意　力

一、注意力的定义

1. 注意力的基本内涵

注意力是指个体有意识地将精神活动集中在某个特定对象或任务上的心理过程。它是一种选择性的心理能力，能够在众多感知和认知信息中选择性地关注和集中精力于某个特定目标，以实现有效的信息处理和任务执行。

2. 注意力的品质

（1）注意力的广度：指注意力的涵盖范围，即个体对于外界刺激和内部信息的感知范围。

（2）注意力的稳定：指个体能够持续保持对目标的关注和集中精力的能力。

（3）注意力的分配：指个体能够根据任务需求，合理地分配注意力资源，对多个任务进行有效的切换和处理。

（4）注意力的转移：指个体能够灵活地将注意力从一个任务或对象转移到另一个任务或对象，以适应环境变化和任务需求的变化。

二、婴幼儿注意力的发展

婴幼儿的注意力在发展过程中经历了不同的阶段，其注意力特点也随之变化。

1. 初级反应期（出生至3个月）

在这个阶段，婴幼儿的注意力主要表现为对外界刺激的简单反应，对于新奇的声音、光线等刺激会引起他们的注意，并表现出眼睛追踪、头部转动等反应。

2. 注意力转移期（3~6个月）

在这个阶段，婴幼儿开始表现出更为灵活的注意力转移能力。他们能够从一个刺激转移到另一个刺激，并对周围环境中的不同对象和事件表现出兴趣。

3. 注意力稳定期（6~12个月）

在这个阶段，婴幼儿的注意力开始稳定并能够持续关注某个特定对象或任务。他们能够更好地集中精力，注意的时间持续性和稳定性得到提升。

4. 观察期（12~18个月）

在这个阶段，婴幼儿的注意力开始向周围环境中的细节和变化更为敏感。他们会观察和探索周围的事物，并对一些复杂的刺激和事件表现出较高的兴趣。

5. 规则化期（18个月至3岁）

在这个阶段，婴幼儿的注意力开始向任务的规则和结构转变。他们能够更好地理解并遵循简单的规则，注意力的控制和调节能力逐渐增强。

6. 结构化期（3~6岁）

在这个阶段，婴幼儿的注意力能力进一步发展，他们能够更好地应对复杂的任务和情境。注意力的控制和转移能力得到提升，能够集中精力完成较长时间的任务。

三、影响注意力的因素

1. 生理因素

生理因素包括遗传因素、大脑结构和功能、神经传递物质等方面的影响。个体的遗传背景以及大脑的生理结构和功能会对注意力的表现和发展产生影响。

2. 感觉统合能力失调

感觉统合能力的失调可能导致注意力问题。当个体的感觉系统不能有效地处理和整合来自外界的感觉刺激时，可能会干扰注意力的集中和调节。

3. 教育教养方式

教育教养方式对注意力的培养和发展也有重要影响。良好的教育环境和教养方式能够提供适当的刺激和支持，促进注意力的发展和调节。

4. 生活环境

生活环境的稳定性、安全性以及外界刺激的多少都可能对注意力产生影响。复杂、嘈杂或不稳定的环境可能分散注意力，而有秩序和适度刺激的环境则有助于提高注意力的集中程度。

四、注意力不集中的类别

1. 按造成原因和幼儿注意力的表现分类

注意力不集中的原因多种多样，可以根据导致注意力问题的不同因素和幼儿的注意力表现来进行分类，如分散性注意力不集中、持续性注意力不足等。

2. 按注意力发展过程分类

注意力在儿童的发展过程中会出现不同阶段和特点，可以根据注意力发展的不同阶段来分类，如初级注意力、转移注意力、分配注意力等。

五、注意力的判断原则

判断一个幼儿的注意力是否集中，可以根据以下原则进行评估：

（1）持续性：幼儿能否持续关注和投入一个任务或活动中的时间长短。

（2）集中性：幼儿能否将注意力集中在一个特定的任务或对象上，并抵制干扰。

（3）稳定性：幼儿能否持续维持注意力的稳定性，不容易分散或转移。

（4）灵活性：幼儿能否灵活地转移和调节注意力，根据任务需求进行切换和调整。

六、注意力的测评量表

1. 阿肯巴克儿童行为问卷

儿童行为问卷（Child Behavior Checklist，CBCL）是一种广泛使用的量表，用于评估儿童的行为和情绪问题。它是由阿肯巴克（Achenbach）教授于 1991 年开发的，经过多年的研究和改进而成。

CBCL 量表包括父母报告和教师报告两个版本，用于评估儿童在家庭和学校环境中的行为问题。以下是 CBCL 量表的主要特点和内容：

（1）覆盖范围广：CBCL 量表涵盖了广泛的行为和情绪问题，包括注意力问题、行为反叛、情绪困扰、社交问题等。

（2）多维度评估：量表包含多个维度，用于评估儿童的内外化问题、社交问题和总体适应能力。

（3）项目评估：CBCL 量表通过父母或教师对一系列问题的回答，评估儿童在不同方面的行为问题，如情绪波动、社交能力、注意力困难等。

（4）范围广泛的年龄适用性：CBCL 量表适用于 2 岁至 18 岁的儿童和青少年。

（5）评分标准。

100 条行为问题的评分，经统计学处理后归纳为 6 个行为症状因子：社交退缩、抑郁、睡眠问题、躯体诉述、攻击行为和破坏行为。

（6）评分方法。

①收集数据：使用 CBCL 量表，由父母或照顾者对儿童在不同行为项目上的行为进行评分。

②根据分量表确定的题目：确定所关注的特定分量表，例如情绪问题、退缩／抑制或总体功能等。

③选择相关题目得分：根据所选的分量表，选择与该分量表相关的题目得分。这些题目通常在量表中有特定的编号。

④总和得分：将所选题目的得分加总，计算总和得分。

⑤标准化得分：使用特定的标准化方法，将总和得分转换为标准得分，如 T 分数或百分位等。标准化得分可以与参考群体进行比较，以提供关于儿童在该分量表中的相对位置。

T 分数（T-Scores）：CBCL 使用 T 分数来评估儿童的行为问题。T 分数是一种标准化得分，基于与同龄儿童进行比较的数据。一般而言，T 分数的平均值为 50，标准差为 10。以下是一些常用的 T 分数范围及其解释：

a.T 分数 70 及以上：临床显著，表示儿童可能存在较严重的行为问题。

b.T 分数 60~69：边缘临床显著，表示儿童可能存在一些行为问题。

c.T 分数 59 及以下：在正常范围内，表示儿童的行为问题相对较少。

分级标准：除了 T 分数外，CBCL2-3 还提供了行为问题的分级标准。以下是常用的分级标准：

a. 无问题（Not at all）：儿童在特定行为领域没有问题或困扰。

b. 边缘（A little）：儿童在特定行为领域存在轻微问题或困扰，但不达到临床显著程度。

c. 有问题（Pretty much）：儿童在特定行为领域存在明显的问题或困扰，但不严重到临床显著的程度。

d. 有严重问题（Very much）：儿童在特定行为领域存在严重问题或

困扰，达到临床显著的程度。

2. 康奈尔儿童行为量表

康奈尔儿童行为量表（Conners' Rating Scales）是一套广泛应用于评估儿童行为问题和注意力困难的量表工具。它由基思·康奈尔（Keith Conners）博士于 1968 年开发，经过多年的研究和修订，目前已有多个版本可供使用。

康奈尔儿童行为量表主要包括以下几个版本：

（1）康奈尔儿童行为量表（Conners' Rating Scales-Revised，CRS-R）：适用于 6 岁至 18 岁的儿童和青少年，评估广泛的行为问题，包括注意力困难、多动症、内外化问题等。

（2）康奈尔儿童行为量表（Conners' Comprehensive Behavior Rating Scales，Conners CBRS）：适用于 6 岁至 18 岁的儿童和青少年，包括父母和教师报告版本，综合评估多个领域的行为问题，如注意力困难、行为问题、学业表现等。

（3）康奈尔学前儿童行为量表（Conners' Early Childhood，Conners EC）：适用于 2 岁至 6 岁的幼儿，用于评估早期儿童的行为问题和注意力困难。

康奈尔儿童行为量表通过父母、教师或其他关键观察者的评估，了解儿童在不同情境下的行为表现。量表包含多个项目，涵盖了注意力、多动性、内外化问题、学业表现等多个方面。

3. D-KEFS 注意力测验

D-KEFS（Delis-Kaplan Executive Function System）是一种广泛使用的认知评估工具，其中包含了一系列测试项目，用于评估执行功能，包括注意力、灵活性、抑制控制等方面。

D-KEFS 中包括一项专门用于评估注意力的测试，即 D-KEFS 注意力测验（D-KEFS Attention Test）。该测试旨在评估个体的注意力控制和持久性。注意力测验包含多个子测试，涵盖不同的注意力方面。

以下是 D-KEFS 注意力测验的一些子测试：

（1）标记检测（Trail Making Test）：测试个体在连接数字和字母的任务中的注意力和认知速度。

（2）词汇提示（Verbal Fluency Test）：测试个体在规定时间内产生特定类别的词汇时的注意力和语言能力。

（3）排列检测（Sorting Test）：测试个体根据特定规则进行物品分类时的注意力和认知灵活性。

（4）字母策略（Letter Sequencing Test）：测试个体在按照字母顺序重排一系列字母时的注意力和工作记忆。

4. T.O.V.A. 注意力测验

T. O. V. A.（Test of Variables of Attention）是一种常用的注意力测验工具，旨在评估个体的注意力表现和注意力缺陷症状。它是一种计算机化的测验，通过一系列的任务来测量个体在注意力方面的表现。

T. O. V. A. 测验主要评估以下几个方面：

（1）反应时间：测量个体对特定刺激的反应速度。

（2）准确性：测量个体在反应过程中的准确性。

（3）连续性：测量个体在长时间任务中的持久性和注意力。

（4）变异性：测量个体在反应时间和准确性方面的变异程度。

T. O. V. A. 测验通过计算各项指标的得分来评估个体的注意力表现。根据个体的得分，可以判断注意力是否正常，是否存在注意力缺陷或注意力问题。

5. WURS 测评量表

WURS（Wender Utah Rating Scale）是一种用于评估儿童和成人注意力缺陷多动障碍（ADHD）的量表工具。它是根据 Wender 成人注意力缺陷障碍量表（Wender Adult ADHD Scale）发展而来，专门用于评估 ADHD 症状在童年时期的回溯性。

WURS 主要用于回溯性评估个体在儿童时期是否存在 ADHD 症状。该量表由 25 个问题组成，涵盖了与 ADHD 相关的行为特征和注意力问题。问题涉及个体的注意力困难、多动、冲动、情绪管理和社交问题等方面。

使用 WURS 进行评估时，个体需要回答每个问题，并根据自己在童年时期的经历和表现进行选择。每个问题都有不同的回答选项，通常包括从"从未"到"非常频繁"等程度的评分。根据个体的回答，可以计算总分，评估其在童年时期是否存在 ADHD 症状。

6. SNAP-Ⅳ评定量表

SNAP-Ⅳ是一种常用于评估儿童和青少年注意力缺陷多动障碍（ADHD）的工具。它是一份由家长和教师填写的问卷，用于收集儿童的行为和注意力症状信息，以帮助医生或专业人员做出诊断和制定治疗计划。

问卷说明：在进行评估之前，介绍 SNAP-Ⅳ 评估的目的和使用方法，并向家长和教师提供相应的问卷。

家长和教师填写：家长和教师分别填写 SNAP-Ⅳ评估问卷，描述儿童的行为和注意力症状。问卷中包含一系列关于儿童行为和注意力方面的陈述，评估者需要根据自己观察和了解选择适当的回答选项。

评估内容：SNAP-Ⅳ评估通常包括对儿童以下方面的评估：

注意力和注意力缺陷症状：评估儿童的注意力水平、分散注意力、持久注意力和注意力控制。

多动行为和冲动行为：评估儿童的多动、坐不住、冲动和无法控制的行为。

行为问题：评估儿童是否存在行为问题，如情绪不稳定、易激怒、固执或易冲动等。

总分计算和解读：根据家长和教师的填写，将各项问题的得分进行统计和计算，得出总分。评估者可以根据总分和各项得分的情况，评估儿童是否存在注意力缺陷多动障碍，并确定其严重程度。

7. Vanderbilt ADHD 诊断评定量表

Vanderbilt ADHD 诊断评定量表（VADRS）是一种常用于评估儿童和青少年注意力缺陷多动障碍（ADHD）的工具。它被美国儿科学会和国家儿童保健质量促进所（National Initiative for Children's Healthcare Quality，NICHQ）纳入 ADHD 诊断工具，旨在帮助医生和其他专业人员评估儿童的行为问题和注意力困难。

该评估量表通过询问父母、教师和儿童本人关于儿童的行为和注意力状况，以提供关于可能存在的 ADHD 症状的综合评估。VADRS 评估量表包括一系列问题，涵盖了儿童行为、学校表现、社交互动和注意力等方面。

七、注意力的训练方法

1. 集中注意力训练方法

（1）游戏式注意力训练：通过各种游戏和活动来引导儿童集中注意力。例如，可以进行益智游戏、追踪游戏或集中注意力的拼图活动。这些游戏可以在儿童感到有趣和愉快的情况下，提高他们的集中注意力能力。

（2）专注训练练习：通过练习让儿童专注于特定任务或活动，逐渐延长他们的专注时间。例如，可以给儿童提供一项任务，要求他们集中注意力并保持专注，例如完成一项绘画、拼字或建模任务（见图 2-11）。

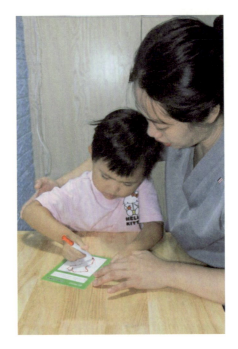

图 2-11　专注训练方法

（3）视觉引导训练：使用视觉引导技术，例如观察点、提示符或视觉辅助工具，来引导儿童的视觉关注和注意力。这些技术可以帮助儿童更好地集中注意力，例如追踪视觉点的移动、寻找提示符或使用视觉引导工具进行任务。

2. 分配注意力训练方法

（1）切换任务练习：通过让儿童在不同任务之间进行切换，锻炼他们的分配注意力能力。例如，给儿童提供一系列不同的任务，要求他们在规定的时间内完成每个任务，并及时切换到下一个任务。

（2）分配注意力练习：让儿童同时关注和处理多个任务或信息，提高他们的分配注意力能力。例如，给儿童提供多个任务或信息，要求他们在同一时间内进行处理和完成，帮助他们分配注意力并有效地处理多个任务（见图2-12）。

图 2-12　分配注意力训练方法

（3）任务难度递增训练：根据儿童的能力水平，逐步增加任务的难度和复杂性。通过逐渐挑战儿童处理更困难和复杂的任务，帮助他们提高分配注意力的能力。

3. 持久注意力训练方法

（1）持久力游戏训练：通过进行需要持续努力和注意力的游戏和活动，帮助儿童锻炼和提高持久注意力能力。例如，进行体育运动、音乐演奏或长时间的手工制作活动，要求儿童在一段时间内保持持续的注意力和努力（见图 2-13）。

图 2-13　持久注意力训练方法

（2）呼吸与冥想训练：通过呼吸和冥想练习，帮助儿童放松身心，培养持久的注意力。例如，教导儿童进行深呼吸和专注冥想，让他们学会集中注意力，并延长持久注意力的时间。

（3）时间管理训练：教导儿童学会合理安排时间，并分配适当的注意力资源。帮助他们制定计划表、设置目标，并在规定的时间内完成任务，培养他们的时间管理和持久注意力能力。

第三章　感觉统合的测量与评估

在儿童感统训练中，了解儿童的感觉统合能力是至关重要的。为了有效地设计和实施感统训练方案，我们需要准确地评估儿童的感觉统合水平。本章将介绍一些常用的感觉统合测量工具和评估方法，帮助感统治疗师和家长对儿童的感觉统合能力进行客观、系统的评估。

第一节　感觉统合测量的重要性

感觉统合测量是评估儿童感觉统合能力的关键步骤。通过测量和评估，我们可以了解儿童在感觉整合、感觉处理和感觉运动协调等方面的表现。这不仅有助于发现儿童的感觉统合问题，还可以为制定感觉统合训练方案提供依据。

第二节　感觉统合测量工具

一、儿童感觉统合及发展能力评定量表

儿童感觉统合及发展能力评定量表（Sensory Integration and Praxis Tests，SIPT）由 17 个子测试组成，用于评估 4 岁至 8 岁 11 个月儿童的感觉统合能力，感觉统合是学习技能和行为能力的基础。这一全面的标准化评估工具被认为是评估感觉统合和运动企划功能的金标准。

69

SIPT 的发明者艾尔丝（Ayres）在测试手册中将感觉统合能力分为空间视知觉、图形背景知觉、运动觉、手指触觉、皮肤书写觉、触觉刺激定位、口语指令练习等领域。SIPT 评估有特定的评估工具箱，评估时间需要 2.5～4 个小时。一些主要的子测验包括：

（1）图形复制：要求儿童复制一系列图形，以评估其视觉－空间技能和运动计划能力。

（2）手指识别：通过触摸手指来评估儿童的触觉和本体感觉处理能力。

（3）手－鼻触碰：评估前庭觉处理能力，特别是儿童在闭眼条件下的平衡和协调能力。

（4）快速交替运动：要求儿童快速交替地拍打桌子，以评估运动计划和协调能力。

二、神经发育障碍感觉评估

神经发育障碍感觉评估（Sensory Assessment for Neurodevelopmental Disorders，SAND）是一种用于评估神经发育障碍（如孤独症谱系障碍、注意缺陷多动障碍等）患者感觉处理问题的工具。这个评估工具的目的是系统地评估个体在各种感觉输入方面的反应和表现，以便更好地理解和处理其感觉处理困难。SAND 评估的领域包括以下几个主要方面：

（1）视觉（视觉输入的处理）。

（2）听觉（对声音的反应）。

（3）触觉（对触摸和表面质地的反应）。

（4）味觉和嗅觉（对味道和气味的反应）。

（5）本体感觉（对身体位置和运动的感知）。

（6）前庭觉（对平衡和运动的感知）。

SAND 的评估结果可以帮助制定个性化的治疗和干预计划。治疗可能包括感觉统合疗法、环境调整、行为干预等，旨在帮助个体更好地适应日常生活和学习环境。

三、感觉史量表

感觉史量表（Sensory Profile，SP）是由温妮·邓恩（Winnie Dunn）博士开发的一种标准化评估工具，用于评估儿童和成人在日常生活中对感觉刺激的反应。这种量表特别适用于有感觉处理问题或神经发育障碍（如孤独症谱系障碍、注意缺陷多动障碍等）的个体。感觉史量表的主要目的是评估个体在日常生活中对不同感觉刺激的反应模式，以了解他们在感觉处理方面的优势和挑战。这有助于制定个性化的干预计划，以提高他们的生活质量。感觉史量表有多个版本，以适应不同年龄段和需求。婴儿/幼儿感觉史量表适用于出生至 36 个月的儿童；儿童感觉史量表适用于 3 至 14 岁的儿童。

第三节 感官体验问卷（SEQ）简版

SEQ 可评估 5 个月至 10 岁儿童对常见日常感官体验的行为反应。SEQ 评估的主要目的为描述孤独症儿童的感觉统合特征，并体现孤独症儿童、发育迟缓儿童或典型发育障碍儿童的过低和过高反应。SEQ 可用于科研，也可以辅助临床对感觉统合功能特征的诊断评估。它比较简短，可以用于快速的儿科筛查，并为后期的感统干预提供指导。

简版的 SEQ 要求评估者根据 Likert 五级评分法对孩子的感官体验的发生频率进行评分：0—几乎从不，1—偶尔，2—有时，3—经常，4—几乎总是。SEQ 得分越高，表明感觉统合系统失调的频率越高。患有孤独症的和发育迟缓的儿童通常比正常发育的儿童表现出更高的感官敏感度。较高的分数意味着感觉统合失调的风险较高，并需要进一步的功能评估与干预。

感官体验问卷（SEQ）简版 ①

儿童姓名：_____ 　　　　儿童性别：女□ 男□

儿童生日：_____ 　　　　日期：_____

问卷答题人为（请选择）：

母亲□ 　　　　父亲□ 　　　　父母双方□ 　　　　老师□

其他□：_____

说明

以下是一系列关于您的孩子如何使用他/她的感官系统（例如听觉、视觉、触觉等）去体验世界的简短问题。每个孩子都是独一无二的。此问卷会问到您的孩子与众不同的特点和行为。请回想一下您的孩子在以下情况或活动中通常会出现的反应。这些问题会问到您的孩子出现某种反应和行为的频率。请选择其中最合适的框（几乎从不、偶尔、时常、经常、几乎总是）。请回答所有的问题。

听觉的体验

您的孩子对意外或响亮的声音是否敏感或容易受到惊吓？（例如：听到吸尘器声、婴儿的哭声、关门声等时候捂住耳朵）	几乎从不 □	偶尔 □	时常 □	经常 □	几乎总是 □
您的孩子喜欢听音乐吗？	几乎从不 □	偶尔 □	时常 □	经常 □	几乎总是 □
当您叫他/她的名字时，您的孩子会忽略您吗？	几乎从不 □	偶尔 □	时常 □	经常 □	几乎总是 □
您的孩子是否似乎忽略或屏蔽响亮的噪声？（例如：当警报铃响起、吸尘器开启、或物品掉到地板上时没有反应）	几乎从不 □	偶尔 □	时常 □	经常 □	几乎总是 □
您的孩子是否比其他人更先注意到环境中的声音（例如飞机、火车、水龙头滴水、灯光的嗡嗡声等？）	几乎从不 □	偶尔 □	时常 □	经常 □	几乎总是 □
您的孩子在旁人大声交谈或唱歌时是否会表现出苦恼或痛苦的表情（惊吓、捂住耳朵等）?	几乎从不 □	偶尔 □	时常 □	经常 □	几乎总是 □

---

① Baranek，G. T.，David，F. J.，Poe，M. D.，et al.Sensory Experiences Questionnaire：discriminating sensory features in young children with autism，developmental delays，and typical development［J］. Journal of Child Psychology and Psychiatry，and Allied Disciplines，2006，47（6）：591-601.

视觉的体验

您的孩子喜欢看绘本吗？	几乎从不 ☐	偶尔 ☐	时常 ☐	经常 ☐	几乎总是 ☐
您的孩子是否会因为室内或室外光线过强而感到不安？	几乎从不 ☐	偶尔 ☐	时常 ☐	经常 ☐	几乎总是 ☐
您的孩子是否会盯着看灯光或者会旋转或移动的物体？	几乎从不 ☐	偶尔 ☐	时常 ☐	经常 ☐	几乎总是 ☐
您的孩子是否会观察到屋子里新的物品或玩具，或看向放到他／她旁边的物品？	几乎从不 ☐	偶尔 ☐	时常 ☐	经常 ☐	几乎总是 ☐
在玩互动性的游戏时，您的孩子是否会回避去看您的脸？	几乎从不 ☐	偶尔 ☐	时常 ☐	经常 ☐	几乎总是 ☐
当新的或陌生的人进入房间时，您的孩子是否会忽略或注意不到他／她？	几乎从不 ☐	偶尔 ☐	时常 ☐	经常 ☐	几乎总是 ☐
您的孩子喜欢看儿童电视节目或视频吗？	几乎从不 ☐	偶尔 ☐	时常 ☐	经常 ☐	几乎总是 ☐

触觉的体验

您的孩子抵触拥抱或被抱吗？	几乎从不 ☐	偶尔 ☐	时常 ☐	经常 ☐	几乎总是 ☐
您的孩子在装束时会不会苦恼或痛苦？（例如：洗脸、梳头、剪指甲或刷牙时哭泣或挣扎）	几乎从不 ☐	偶尔 ☐	时常 ☐	经常 ☐	几乎总是 ☐
您的孩子是否会抵触某些质地（例如茸毛或软软的玩具）或抵触脏乱的材料（例如沙子、乳液）	几乎从不 ☐	偶尔 ☐	时常 ☐	经常 ☐	几乎总是 ☐
被他人触摸时，您的孩子是否会出现负面反应或拉开距离？（例如：被拍拍头的时候把头扭开）	几乎从不 ☐	偶尔 ☐	时常 ☐	经常 ☐	几乎总是 ☐
在洗澡时，您的孩子是否会难以适应水温或者不喜欢在水中？	几乎从不 ☐	偶尔 ☐	时常 ☐	经常 ☐	几乎总是 ☐
您的孩子对疼痛的反应是否缓慢？（例如：不会被碰撞、擦伤、割伤或跌倒影响）	几乎从不 ☐	偶尔 ☐	时常 ☐	经常 ☐	几乎总是 ☐
您的孩子是否不喜欢被挠痒痒？	几乎从不 ☐	偶尔 ☐	时常 ☐	经常 ☐	几乎总是 ☐
当您拍拍孩子的肩膀时，他／她是否会忽视（或注意不到）您？	几乎从不 ☐	偶尔 ☐	时常 ☐	经常 ☐	几乎总是 ☐

味觉与嗅觉的体验

您的孩子是否拒绝尝试新的食物，或会回避食物的某些味道、气味或质地（黏稠度)?	几乎从不 ☐	偶尔 ☐	时常 ☐	经常 ☐	几乎总是 ☐
您的孩子在玩耍或进行其他活动时，是否会去闻玩具或物体？	几乎从不 ☐	偶尔 ☐	时常 ☐	经常 ☐	几乎总是 ☐
您的孩子是否会对人们的气味感兴趣？（例如：去闻头发、闻口气）	几乎从不 ☐	偶尔 ☐	时常 ☐	经常 ☐	几乎总是 ☐
您的孩子是否会将物品、玩具或其他非食物的物品放入嘴巴里去舔、吸或探索？	几乎从不 ☐	偶尔 ☐	时常 ☐	经常 ☐	几乎总是 ☐

动态的体验

您的孩子喜欢坐车吗？	几乎从不 ☐	偶尔 ☐	时常 ☐	经常 ☐	几乎总是 ☐
您的孩子喜欢跳上跳下、前后摇晃或转圈圈吗？	几乎从不 ☐	偶尔 ☐	时常 ☐	经常 ☐	几乎总是 ☐
您的孩子是否会寻求剧烈的玩耍？（例如：渴望被抛向空中或被旋转）	几乎从不 ☐	偶尔 ☐	时常 ☐	经常 ☐	几乎总是 ☐
您的孩子是否会在秋千或摇椅上摇晃时出现不安或头晕的表现？	几乎从不 ☐	偶尔 ☐	时常 ☐	经常 ☐	几乎总是 ☐
您的孩子是否会反复拍打自己的手或手臂，尤其在兴奋时？	几乎从不 ☐	偶尔 ☐	时常 ☐	经常 ☐	几乎总是 ☐

请列出其他关于您孩子对听觉、视觉、触觉、嗅觉、味觉或运动的偏好、敏感点或回避行为。

_____

_____

_____

_____

_____

附录

您的孩子对以下感官体验非常着迷的频率：

A. 声音

几乎从不	偶尔	时常	经常	几乎总是
☐	☐	☐	☐	☐

B. 灯光

几乎从不	偶尔	时常	经常	几乎总是
☐	☐	☐	☐	☐

C. 气味

几乎从不	偶尔	时常	经常	几乎总是
☐	☐	☐	☐	☐

D. 味道

几乎从不	偶尔	时常	经常	几乎总是
☐	☐	☐	☐	☐

E. 质地

几乎从不	偶尔	时常	经常	几乎总是
☐	☐	☐	☐	☐

F. 触摸

几乎从不	偶尔	时常	经常	几乎总是
☐	☐	☐	☐	☐

您的孩子是否寻求或渴望某种感官体验？如果有，请描述那些可以让他 / 她入迷的体验：

_____

_____

第四节　感觉统合评估方法

一、观察法

通过观察儿童的行为表现，如姿势、姿态、运动协调等，来评估感觉统合能力的表现。感统治疗师和家长可以在日常生活和学习中进行观察，并记录相关的行为和反应。

二、问卷调查

使用结构化的问卷调查，通过家长或教师的报告，了解儿童在感觉统合方面的困难和表现。

三、标准化测试

使用经过标准化的测量工具和评估量表，进行客观的感觉统合能力评估。通过与同龄群体的对比，确定儿童在感觉统合方面的水平。常用的标准化测试包括：感觉统合及运用能力测验（Sensory Integration and Praxis Tests，SIPT）等。

第五节　感觉统合评估的综合分析

在进行感觉统合评估时，需要综合考虑不同测量工具和评估方法的结果。通过综合分析，可以得出儿童感觉统合的整体水平，确定是否存在感觉统合问题。根据评估结果，制定相应的感觉统合训练计划，帮助儿童提升感觉统合能力。

评估报告将详细描述儿童在各个感觉处理领域的表现，包括身体感觉、视觉、听觉、触觉、味觉和嗅觉。这些表现可能包括过敏反应、感觉寻求或回避行为、对感觉刺激的过度或不足反应等。综合分析评估报告通常包括以下几个方面：

一、感觉统合功能评估

综合分析将对儿童的感觉统合功能进行评估，了解其在整合多种感觉信息、感觉组织和感觉运动等方面的能力。这方面的分析可能包括儿童对复合感觉刺激的反应、身体姿势控制、平衡能力、手眼协调等方面的表现。

二、日常功能和行为表现

评估结果还会分析儿童在日常生活中的功能和行为表现，比如对社交环境的适应能力、学校表现、情绪调节能力等。这些方面的分析有助于理解感觉统合问题对儿童日常生活的影响。

三、问题识别和干预建议

综合分析将根据评估结果识别出可能存在的问题领域，并提出个性化的干预建议。这些建议可能包括感觉统合疗法、行为干预、环境适应措施等，旨在帮助儿童克服感觉处理方面的困难，提高其日常功能水平。

第四章　感觉统合活动设计与指导

第一节　感觉统合器械操作

一、双杠扶独木桥

1. 双杠扶独木桥平衡挑战

（1）活动目的：提高儿童的平衡和身体控制能力。

（2）活动步骤：让儿童站在双杠扶独木桥的一端，引导他们慢慢走到另一端，并保持平衡。鼓励他们尝试不同的姿势，例如单脚跳跃或倒退走过桥。并逐渐增加难度，例如增加或缩短双杠之间的距离或加入障碍物。

2. 双杠扶独木桥团队合作

（1）活动目的：促进团队合作。

（2）活动步骤：将双杠扶独木桥放置在一个较宽的区域，并将儿童组成小组。每个小组成员站在双杠扶独木桥的一端，手牵手或扶着彼此，合作走到另一端。教师应该鼓励团队成员相互支持和保持沟通，以保持平衡和稳定。也可以设置比赛或挑战，看哪个小组能够以最快的速度完成任务。

3. 双杠扶独木桥感官探索

（1）活动目的：刺激儿童的感官发展和观察能力。

（2）活动步骤：在双杠扶独木桥的上方或两侧添加不同的感官刺激

物，例如挂起彩色带子、悬挂气球或贴上质地不同的材料。让儿童依次通过双杠扶独木桥，观察和感受不同的感官刺激。鼓励他们描述和分享所感受到的视觉、触觉、听觉等。这个活动可以帮助儿童增强感官统合和感知能力（见图4-1）。

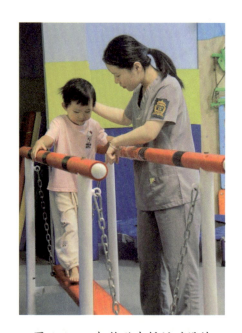

图 4-1　双杠扶独木桥活动设计

二、四分之一圆平衡板

1. 平衡板行走

将四分之一圆平衡板放置在地面上，让儿童从一端开始，沿着平衡板行走到另一端。要求儿童保持平衡，避免掉落平衡板。也可以适当增加难度，例如在平衡板上放置障碍物或在行走过程中同时进行其他动作，例如拾取物品或转身。

2. 平衡板旋转

将四分之一圆平衡板放置在地面上，并将其固定在一个轴上，使其可以旋转。让儿童站在平衡板上，通过控制平衡板的旋转角度来维持平衡。可以逐渐增加旋转速度，让儿童适应并调整身体姿势以保持平衡。

3. 平衡板球传递

在四分之一圆平衡板的两端放置两个篮筐或其他容器，让儿童站在平衡板上并持球，通过平衡板的倾斜来传递球到对方的篮筐或容器中。要求儿童在保持平衡的同时准确地传递球，培养身体控制和手眼协调能力（见图4-2）。

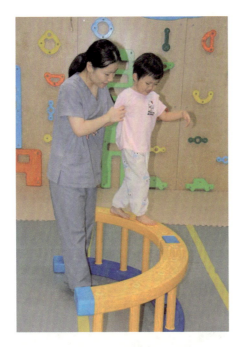

图4-2　四分之一圆平衡板活动设计

这些活动可以帮助儿童培养平衡、协调和身体控制能力，同时促进感觉统合和注意力的发展。根据儿童的年龄和能力水平，也可以适当调整活动的难度和要求。

三、脚步器

1. 步步高升

在平坦的地面上放置数个脚步器，要求儿童从第一个脚步器开始，通过跨步的方式依次踩过每个脚步器，直到最后一个脚步器。也可以增加难度，例如要求儿童保持一定的节奏、改变脚步器的摆放顺序或增加脚步器的高度差。

2. 跳跃岛屿

将脚步器分散放置在地面上，形成一个岛屿状的布局。儿童需要通过跳跃的方式从一个脚步器跳到另一个脚步器，像在岛屿之间跳跃一样。可以设置不同的跳跃方式，例如单脚跳或双脚跳，让儿童在跳跃过程中培养平衡和空间定位能力。

3. 有趣的步伐

在每个脚步器上放置不同形状或颜色的标志物，要求儿童按照指定的顺序或规则踩下相应的脚步器。例如，红色脚步器踩一下、蓝色脚步器踩两下。这些活动可以帮助儿童培养身体控制和协调能力，同时培养注意力和认知能力（见图4-3）。

图4-3 脚步器活动设计

以上活动可以激发儿童的学习动机和兴趣，促进他们的身体协调性和平衡能力的发展。

四、跳跳乐

1. 弹簧跳

准备一组弹簧式的跳跃器材，例如跳跳球或弹跳鞋。儿童可以穿上弹跳鞋或坐在跳跳球上，通过弹跳的动作来增强身体的平衡和协调能力。可以设定一些跳跃目标，例如跳过障碍物或在指定的区域内跳跃。

2. 跳绳派对

设置一个跳绳活动区域，在地面上画出一个大圆圈或其他形状，儿童需要在圆圈内进行跳绳活动。可以设置不同的跳绳方式，例如单人跳、双人跳或交叉跳。通过跳绳活动，儿童可以增强身体的协调性和节奏感，提高注意力和手眼协调能力。

3. 跳跃趣味赛

设置一系列不同高度的跳跃台或跳板，儿童需要依次跳过这些台或板。可以设置不同的挑战难度，例如跳跃台高度递增、跳跃板宽度变窄等。儿童在跳跃的过程中需要注意身体的平衡和控制力，发展空间定位和身体控制能力（见图4-4）。

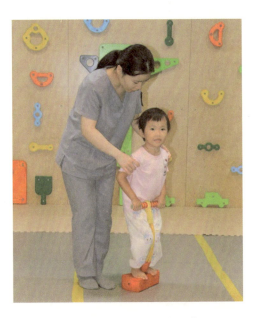

图 4-4　跳跳乐活动设计

五、网缆

1. 平衡挑战

在两个固定的支架上拉起一根水平的网缆，让儿童尝试在网缆上保持平衡行走。可以设置不同的难度级别，例如调整网缆的高度或增加障碍物。儿童需要调整身体的姿势和重心，以保持平衡并完成任务。

2. 网缆穿越

将多根水平的网缆固定在不同的支架上，形成一个迷宫。儿童需要穿越网缆迷宫，通过踩踏或跨越网缆来完成任务。可以设计不同的路径和挑战，以提高儿童的平衡和协调能力。

3. 网缆攀爬

在较高的位置悬挂一根垂直的网缆，让儿童尝试攀爬。他们可以使用双手来抓住网缆，并通过移动和攀爬来达到目标。这个活动可以锻炼儿童的上肢力量、协调性和核心稳定性。一定要注意采用安全措施和了解儿童的适应能力（见图 4-5）。

图 4-5　网缆活动设计

六、吊缆类

1. 吊缆摆荡

儿童可以坐在吊缆上，双手抓住吊缆，让身体悬空。他们可以通过调整手的力度和身体的姿势来控制吊缆的摆动，既可以前后摆荡，也可以左右摆动。这个活动可以锻炼儿童的前庭觉、身体控制和协调能力。

2. 吊缆攀爬

在一个具有多个吊缆的悬挂结构上设置各种高度和间距的吊缆。儿童可以用双手握住吊缆，通过攀爬吊缆来完成一定的路线或挑战。他们需要调整身体的姿势、手的力度和动作的协调性，以保持平衡直至完成任务。

3. 吊缆行走

在两个支撑点之间悬挂一条或多条吊缆，儿童可以踩在吊缆上，进行行走。他们可以尝试前进、后退、侧步或跳跃等不同的行走方式，以增加感觉统合和身体控制的挑战（见图4-6）。

图4-6　吊缆活动设计

七、平衡台

1. 平衡步行

儿童站在平衡台上，尝试沿着平衡台走一段距离，一定要保持平衡。可以加入障碍物或改变平衡台的高度，以增加难度。

2. 双脚跳跃

儿童站在平衡台上，进行双脚跳跃。可以调整跳跃的速度和频率，让儿童保持平衡和掌握节奏感。

3. 单脚平衡

儿童将一只脚抬起，保持平衡站在平衡台上。可以尝试保持平衡的时间长度，或进行其他动作，如旋转或伸展，以增加挑战性（见图4-7）。

图4-7　平衡台活动设计

八、摇滚跷跷板

1. 对称协作

儿童站在摇滚跷跷板两端，与另一个伙伴进行对称协作。他们需要通过调整重心和增加力量，使跷跷板保持平衡。

2. 单侧平衡

儿童站在摇滚跷跷板的一侧，尝试保持平衡。可以逐渐调整跷跷板的角度和高度，以增加挑战性。

3. 越过跷跷板

在跷跷板的中间放置障碍物，儿童需要通过调整重心和控制跷跷板的动作，越过障碍物。这个活动可以锻炼儿童的平衡、协调和空间方位感知觉（见图4-8）。

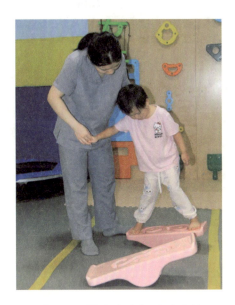

图4-8　摇滚跷跷板活动设计

九、羊角球

1. 羊角球滚动

儿童用双手握住羊角球，将球放在地上，并用双手滚动球。可以通过调整滚动的力度和方向，让儿童感受到球滚动时的触觉和运动感。

2. 羊角球传递

两名儿童相距一定距离，分别拿着羊角球。他们可以互相传递球，通过调整力度和方向，保持球体稳定并成功传递。

3. 羊角球平衡

儿童将羊角球放在头顶或手指上，尝试保持平衡。可以逐渐增加球体的数量或改变放置位置，增加挑战性（见图 4-9）。

图 4-9　羊角球活动设计

十、旋转陀螺

1. 旋转坐姿

儿童坐在旋转陀螺上，双手紧握把手，通过运用上半身的力量和协调性，使陀螺开始旋转。儿童可以尝试不同的坐姿，如直立、倾斜或屈曲，以增加稳定性和挑战。

2. 旋转平衡

儿童站在旋转陀螺上，保持平衡并尽量不让陀螺旋转。他们可以尝试不同的姿势，如单脚站立或屈膝深蹲，以提高平衡和身体控制的难度。

3. 旋转跳跃

儿童站在旋转陀螺上，通过弹跳的动作使陀螺开始旋转。他们可以尝试不同的跳跃方式，如双脚跳跃、交替脚跳或单脚跳，以增加动作的多样性和挑战（见图4-10）。

图4-10 旋转陀螺活动设计

十一、独脚凳

1. 独脚平衡

儿童坐在独脚凳上，将一只脚抬起，保持平衡。他们可以尝试不同的姿势，如双手放在腰部、伸直手臂或闭上眼睛，以增加平衡的难度和挑战。

2. 独脚跳跃

儿童站在独脚凳上，进行单脚的跳跃动作。他们可以尝试跳跃的高度、速度和连续性，以提高动作的控制和协调性。

3. 独脚转身

儿童坐在独脚凳上，进行转身的动作。他们可以尝试不同的转身方式，如顺时针转、逆时针转或交替转身，以增加动作的灵活性和感觉统合的挑战（见图4-11）。

图 4-11　独角凳活动设计

十二、跳袋

1. 跳袋跳跃

儿童站在跳袋里，进行跳跃的动作。他们可以尝试不同的跳跃高度、跳跃方式和着地姿势，以增加对重力的感知和对身体控制的挑战。

2. 跳袋平衡

儿童站在跳袋里，保持平衡并尽量不让跳袋晃动。他们可以尝试不同的平衡姿势，如单脚平衡、闭目平衡或上半身的倾斜，以提高平衡和核心稳定性。

3. 跳袋踢球

儿童站在跳袋里，通过踢球的动作与跳袋互动。他们可以尝试将球踢到特定位置或进行球的传递，以增加运动精准性和动作协调性（见图 4-12）。

图 4-12 跳袋活动设计

十三、蜗牛（太极）平衡板

1.平衡练习

儿童站在蜗牛平衡板上，尽量保持平衡。他们可以尝试不同的姿势，如双脚并拢、单脚站立或闭目平衡，以增加平衡和对身体控制的挑战。

2. 循环行走

儿童在蜗牛平衡板上进行循环行走的动作，如前进、后退、侧行或曲线行走。他们可以尝试不同的速度和步幅，以提高协调性和空间方位感知。

3. 太极动作

儿童在蜗牛平衡板上进行太极动作的练习。他们可以尝试简单的太极拳式动作，如抬手、推手或单腿站立，并结合平衡板的运动来增加身体的稳定性和控制力（见图 4-13）。

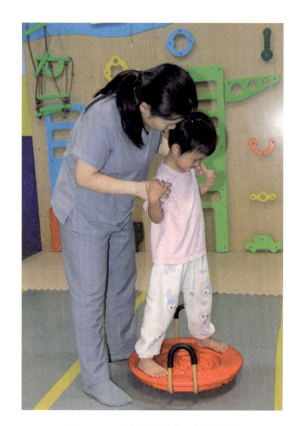

图 4-13　蜗牛平衡板活动设计

十四、"S"型平衡木

1. 行走平衡

儿童在"S"型平衡木上进行行走平衡的练习。他们可以尝试走直线、曲线或倒退行走，并注意保持平衡和控制。

2. 双脚跳跃

儿童在"S"型平衡木上进行双脚的跳跃动作。他们可以尝试不同的跳跃高度和连续性，以提高爆发力和动作协调性。

3. 侧行挑战

儿童在"S"型平衡木上进行侧行挑战的练习。他们可以尝试从一端侧行到另一端，注意保持平衡和控制身体的稳定性（见图4-14）。

图 4-14 "S"型平衡木活动设计

十五、滚筒

1. 滚筒滚动比赛

将滚筒放置在平坦的地面上，让儿童们一起参与滚筒滚动比赛。他们可以在滚筒上坐着或躺着，使用手臂或腿部的力量来推动滚筒前进。比赛可以设定距离或时间，看谁能最快到达终点或滚行最远的距离。

2. 滚筒平衡挑战

儿童可以尝试在滚筒上保持平衡。他们可以站在滚筒上，尽量保持稳定，或者尝试一只脚站立或闭目平衡。可以设置不同的难度级别，如逐渐增加滚筒的高度或要求进行更复杂的平衡动作。

3. 滚筒滚动接物游戏

在滚筒两端放置一些小球、玩具或其他物体。儿童们可以轮流推动滚筒，尝试将物体从一端滚到另一端，同时保持平衡和控制滚筒的运动。可以设定时间限制，看看他们能够接住多少物体（见图 4-15）。

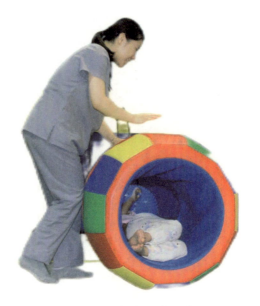

图 4-15　滚筒活动设计

第二节　感觉统合训练的原则与计划撰写

一、感觉统合训练的原则

（1）个体化：根据每个儿童的感觉统合发展水平和需求，制定个体化的训练计划，以满足他们的特殊需求。

（2）渐进式：从简单到复杂，逐步增加活动的难度和复杂性，使儿童能够逐步发展感觉统合能力。

（3）综合性：整合多个感觉系统和相关技能，设计综合性的活动，促进感觉统合的综合发展。

（4）活动性：注重儿童的参与和互动，通过实际体验和积极参与的方式进行感觉统合训练。

（5）激发兴趣：设计有趣、富有挑战性和刺激性的活动，激发儿童的兴趣和主动性，增加他们的参与度。

（6）反馈与调整：及时观察和评估儿童的表现，给予积极的反馈和指导，根据儿童的反应和进展调整训练方法和活动设计。

（7）融入日常生活：将感觉统合训练融入儿童的日常生活中，让他们能够在不同环境和情境中应用所学的感觉统合技能。

（8）合作与社交：鼓励儿童之间的合作和互动，培养他们的社交技能和团队合作能力。

（9）综合评估：使用多种评估方法和工具，对儿童的感觉统合能力进行综合评估，以了解他们的进展和需要。

（10）持续性：感觉统合训练需要持续进行，不断提供挑战和支持，以促进儿童的感觉统合能力的持续发展。

二、撰写感觉统合训练计划

1. 训练计划的主要构成

训练计划是训练活动的计划和组织的蓝图，它主要包括以下几个部分：

（1）训练目标：明确训练的目标和预期结果，描述儿童应该达到的能力和知识水平。

（2）训练内容：列出感统训练所涉及的主要内容和重点，包括感觉统合的相关概念、技能和活动。

（3）训练方法：描述将采用的训练方法和策略，以达到训练目标，如示范、引导、讨论、实践等。

（4）训练步骤：详细描述训练的步骤和顺序，包括引入活动、示范指导、儿童实践和巩固等。

（5）训练资源：列出训练所需的教具、材料和其他资源，以支持训练活动的实施。

（6）训练评估：描述如何评估儿童的学习成果和表现，包括观察记录、测验、评价等方法。

（7）训练扩展：提供相关的延伸活动和资源，以便儿童在课后进一步巩固和扩展所学的内容。

97

2.训练计划的撰写示例

以下是一个感觉统合训练计划的示例：

（1）训练目标。

①儿童能够理解视知觉的概念和重要性。

②儿童能够通过视觉刺激来提高感觉统合能力。

③儿童能够应用视觉技能解决问题和完成任务。

（2）训练内容。

①基础视觉能力训练：

a.注视力训练：使用各种视觉刺激，如图形、颜色、图案等，引导儿童保持目光注视并集中注意力。

b.运动跟踪：通过观察移动的对象或图案，培养儿童的眼球运动协调能力。

c.眼球控制：进行眼球运动练习，如水平、垂直和斜向移动，以及近距离和远距离的焦距调节。

②视觉感知和认知训练：

a.形状和空间感知：通过拼图游戏、立体模型等活动，帮助儿童理解和辨认不同形状、大小和空间关系。

b.图形辨认和分类：使用图形卡片或图片，让儿童辨认和分类不同的图形、颜色和图案。

c.视觉记忆训练：进行记忆游戏和观察练习，培养儿童的视觉记忆能力和注意力。

③手眼协调和精细动作训练：

a.使用手工制作、画画、拼图等活动，促进手眼协调和精细动作发展。

b.运用建构玩具，如乐高积木等，锻炼儿童的空间想象能力和手部操作技能。

④视觉恒常性和集中注意力训练：

a. 定向迷宫、找不同、寻找物品等游戏，帮助儿童提高视觉持久性和集中注意力能力。

b. 视觉搜索任务：要求儿童在复杂的视觉环境中找到目标物品，促进其快速而准确地进行视觉搜索。

⑤ 日常功能性训练：

a. 阅读和书写练习：通过阅读、书写和涂色等活动，培养儿童的阅读和书写能力。

b. 生活技能训练：引导儿童进行日常生活中的视觉任务，如整理书包、整理房间、进行食物分类等。

（3）训练方法。

①引导讨论：引入视知觉的概念，与儿童一起讨论视觉在日常生活中的重要性。

②示范指导：展示一些视觉训练活动的示范，包括视觉追踪、形状识别等。

③儿童实践：让儿童进行视觉训练活动，如追踪运动物体、找出隐藏的形状等。

④儿童分享：儿童之间分享他们的观察和体验，互相学习和交流。

（4）训练步骤。

①引入：与儿童讨论日常生活中使用视觉的场景，引起儿童对视知觉的兴趣。

②示范指导：展示一个视觉追踪的示范，解释并演示如何通过追踪运动物体来提高感觉统合能力。

③儿童实践：让儿童分成小组，在教室或操场上进行视觉追踪活动，每组选择一个运动物体进行追踪。

④儿童分享：每个小组轮流分享他们的观察和体验，其他儿童可以提出问题或给予反馈。

⑤总结：回顾课堂上学到的知识和技能，强调视觉训练对感觉统合的

重要性。

（5）训练资源。

①运动物体（如球、飞盘等）。

②小组讨论指导问题。

③儿童记录表格。

（6）训练评估。

①观察记录儿童在活动中的参与程度和表现。

②儿童记录表格的完成情况和准确性。

（7）训练扩展。

①给儿童提供额外的视觉训练活动，如寻找隐藏的图案、观察视觉错觉等。

②提供相关的阅读材料和资源，让儿童进一步了解感觉统合和视觉的关系。

第三节　感觉统合活动的实施与指导

感觉统合活动是为了促进儿童感觉统合能力的发展和提高而设计的。在实施这些活动时，需要提供适当的指导和支持，确保儿童能够有效地参与和受益于活动。以下是一些指导原则和实施步骤，以更有效地实施感觉统合活动。

一、指导原则

（1）温馨安全：为儿童创造一个温馨、安全的环境，让他们感到放松和舒适。

（2）个体差异：尊重儿童的个体差异，根据他们的能力和需求进行个别化的指导。

（3）渐进性挑战：根据儿童的能力水平，逐步增加活动的难度和挑战，激发他们的兴趣和动机。

（4）多样化刺激：提供多样化的感觉刺激，包括视觉、听觉、触觉、平衡等，以促进多感觉统合的发展。

（5）鼓励探索：鼓励儿童主动探索感觉刺激，并提供合适的引导和支持。

（6）反馈与强化：给予儿童积极的反馈和强化，鼓励他们的努力和进步。

二、实施步骤

（1）活动准备：根据教学目标和活动内容准备所需的教具、材料和场地。

（2）活动介绍：向儿童介绍活动的目的和规则，激发他们的兴趣和参与度。

（3）示范指导：给儿童展示活动的正确执行方式，让他们清楚地了解如何进行活动。

（4）儿童实践：让儿童按照指导进行活动，鼓励他们积极参与并尝试不同的感觉刺激。

（5）观察和记录：观察儿童在活动中的表现和反应，记录他们的进步和需要改进的方面。

（6）引导和支持：根据儿童的表现和需求，给予适当的引导和支持，帮助他们克服困难和提高能力。

（7）结束总结：在活动结束时与儿童进行总结，让他们分享感受和收获，并给予肯定和鼓励。

第五章 特殊儿童的感觉统合训练

第一节　抽　动　症

一、什么是抽动症

抽动症是一种神经发育障碍性疾病，主要特征是突发性、非自愿的肌肉收缩或扭动，以及伴随着不自主的声音表达，被称为运动抽动和声音抽动。抽动症通常在儿童期开始，并可持续到成年。它是一种慢性疾病，对患者的生活质量、学习能力和社交功能有一定影响。

二、抽动症的特征和表现

抽动症的主要特征是突发性、无意识的肌肉运动或声音表达，以下是一些常见的抽动症表现：

（1）运动抽动：包括眨眼、眼睛转动、咬唇、面部扭动、肩膀耸动、肢体抽动等。

（2）声音抽动：包括喉咙喉结紧缩、喉咙清嗓、吐字重复、发出咳嗽声等。

（3）抽动的频率和强度：抽动的频率和强度可以有所变化，有时可能会暂时减轻或加重。例如，在紧张、劳累、情绪低落时抽动可能会加重，在放松时抽动可能会减轻。

（4）可抑制性：抽动症在某些情况下可能会受到外界因素的抑制，例如专注于某项任务时抽动症状会暂时减少。

（5）带来主观不适：抽动症可能会给患者带来主观的不适和困扰，影响他们的日常生活和社交互动。例如：学习时无法集中注意力，抽动行为可能引起周围人的异样眼光，从而造成患者的不自信。

三、感觉统合训练对抽动症的矫治作用

感觉统合训练是一种综合性的治疗方法，通过刺激和调节感觉系统，促进大脑的发展和功能的整合，从而改善抽动症患者的症状和功能。具体包括以下作用：

（1）舒缓焦虑：抽动症患者常常伴随焦虑和紧张情绪，感觉统合训练可以通过提供安全、温馨的环境，帮助患者缓解焦虑和紧张情绪，减轻抽动症状。

（2）促进身体意识：感觉统合训练可以提供多样化的感觉刺激，帮助患者更好地感知和理解自己的身体，提高身体意识和控制能力。

（3）促进感觉统合：抽动症患者的感觉统合可能存在问题，感觉统合训练可以通过提供多感觉刺激和活动，促进感觉系统的整合和协调。

（4）提高注意力和集中力：感觉统合训练中的活动可以要求患者集中注意力，并进行特定的任务，从而提高注意力和集中力，减少抽动症状的发作。

（5）增强自我调节能力：感觉统合训练可以帮助患者发展和改善自我调节的能力，使其能够更好地控制和管理抽动症状。

第二节 多 动 症

一、什么是多动症

多动症，也被称为注意缺陷多动障碍（Attention Deficit Hyper-activity Disorder，ADHD），是一种常见的儿童神经发育障碍。多动症患者通常表现出注意力不集中、过度活跃和冲动行为，可能伴有学习困难

或品行障碍，影响其日常生活和学习能力。

二、多动症的特征和表现

多动症的特征和表现多种多样，以下是常见的几个方面：

（1）注意力缺陷：多动症患者常常表现出注意力不集中、容易分散注意力，难以持久地专注于任务或活动。

（2）活动过多：多动症患者常常表现出过度活跃、坐立不安、难以保持安静，常常在不适当的场合或时机表现出过度活动。

（3）冲动性：多动症患者往往表现出冲动行为，缺乏自我控制，容易打断他人、插话或作出冲动的决定。

（4）学习困难：多动症患者在学习过程中可能会遇到困难，注意力不集中和冲动行为可能影响其学习效果和表现。例如，在听课时容易受外界影响，东张西望很难听进老师讲课的内容。

（5）神经系统异常：多动症与神经系统的发育异常有关，患者可能表现出运动协调困难、不稳定的姿势和动作等。

（6）行为品行问题：多动症患者可能出现行为品行问题，例如情绪波动大、易激动、固执己见等。

三、感觉统合训练对多动症的矫治作用

感觉统合训练在多动症的治疗中具有一定的作用，可以通过以下方面对多动症患者进行矫治。

（1）提高自我调节能力：感觉统合训练可以帮助多动症患者提高自我调节和自我控制的能力，通过感觉刺激和活动的引导，帮助他们更好地控制冲动行为和注意力。

（2）促进身体意识和空间定位：感觉统合训练可以提供多样化的感觉刺激和运动活动，帮助多动症患者增强身体意识、空间定位和运动协调能力。

（3）提高注意力和集中力：感觉统合训练中的任务和活动可以要求多动症患者集中注意力，通过有针对性的练习和训练，提高他们的注意力和

集中力。

（4）减少焦虑和压力：感觉统合训练可以通过提供有秩序、有规律的感觉刺激和活动，帮助多动症患者减轻焦虑和压力，提高情绪调节能力。

第三节　发育迟缓

一、什么是发育迟缓

发育迟缓是指儿童在生理、认知、语言、社交和运动等方面的发育进程相对于同龄儿童而言较为缓慢或滞后。这是一个广泛的概念，可以涵盖多个方面的发育延迟。

二、发育迟缓的特征和表现

发育迟缓的特征和表现因个体差异而不同，但通常包括以下几个方面：

（1）生理发育：发育迟缓的儿童可能在身高、体重、牙齿萌出、性征发育等方面相对滞后。

（2）认知发育：发育迟缓的儿童在思维、语言、记忆、学习能力等方面可能发展较为缓慢，有时存在认知困难。如理解和分析能力弱、发音不清晰、说话迟、丢三落四、完成不了阅读任务等。

（3）运动发育：发育迟缓的儿童可能在大肌肉运动、精细运动、协调能力等方面有明显的滞后，如爬行、坐立、行走、跑跳、抓握等能力较弱。

（4）社交发育：发育迟缓的儿童可能在社交互动、表达情感、与他人沟通等方面存在困难，对社交环境适应能力较弱。

三、感觉统合训练对发育迟缓的矫治作用

感觉统合训练在发育迟缓的矫治中可以发挥重要作用，主要包括以下方面：

（1）促进感觉统合：通过感觉刺激和多样化的活动，帮助发育迟缓的儿童发展和整合感觉系统，提高感知和处理感觉信息的能力。

（2）提高运动发展：感觉统合训练可以通过运动活动的引导和训练，帮助发育迟缓的儿童提高大肌肉和精细运动能力，增强协调性和运动控制能力。

（3）促进认知发展：感觉统合训练通过提供适当的认知刺激和任务，帮助发育迟缓的儿童发展认知能力，如注意力、记忆、思维等方面的发展。

（4）增强社交互动：感觉统合训练可以通过社交游戏和合作活动，促进发育迟缓儿童的社交能力和情感表达，提高与他人的互动和沟通能力。

第四节　孤　独　症

一、什么是孤独症谱系障碍

孤独症谱系障碍（Autism Spectrum Disorder，ASD），在下文中简称为孤独症，是一种神经发育性疾病，主要影响个体的社交互动、沟通能力和行为模式。孤独症是一种长期存在的障碍，通常在儿童期发现，并会持续影响个体的生活。

二、孤独症儿童的特征和表现

孤独症儿童的特征和表现因个体差异而异，但通常包括以下方面。

（1）社交互动困难：孤独症儿童可能缺乏与他人的眼神接触、表情交流和身体接触，不懂得分享兴趣或情感，并可能表现出对社交互动的兴趣缺乏。

（2）沟通障碍：孤独症儿童可能存在语言和交流障碍，可能出现延迟开始说话或完全不说话的情况，同时可能存在语言发展不一致、语言重复和语言理解困难等问题。

（3）刻板重复行为：孤独症儿童可能表现出刻板重复的行为模式，如重复摆弄物品、执着于特定兴趣或话题、刻板的言语表达和行为模式等。

（4）过敏或低敏：孤独症儿童对感觉刺激可能有特殊的反应，可能对噪声、光线、触觉或味觉过敏，或者对这些刺激缺乏适当的反应。

三、感觉统合训练对于孤独症儿童的矫治作用

感觉统合训练在孤独症儿童的矫治中可以发挥重要作用，主要包括以下方面：

（1）促进感觉整合：感觉统合训练可以通过提供各种感觉刺激和活动，帮助孤独症儿童整合感觉信息，改善对感觉刺激的反应和调节能力。

（2）改善运动协调：感觉统合训练可以通过运动活动的指导和训练，帮助孤独症儿童发展运动技能和协调能力，改善姿势控制和平衡能力。

（3）提高注意力和集中力：感觉统合训练通过提供有趣的感觉刺激和活动，可以帮助孤独症儿童提高注意力和集中力，增强对任务的关注和持久性。

（4）促进社交互动：感觉统合训练可以结合社交互动的活动，帮助孤独症儿童发展社交技能和理解他人的情感，促进与他人的互动和沟通。

第六章　感觉统合治疗师教育

一、感觉统合治疗师教育概况

1. 概况

感觉统合治疗是一种专业的干预方法，旨在帮助儿童和成人处理感觉统合障碍，并促进他们的感知觉和运动发展。感觉统合治疗师是专门从事这一领域的专业人员，他们接受相关的教育和培训，具备评估和干预感觉统合障碍的能力。

感觉统合治疗从业人员包括感觉统合治疗师和其他相关专业人员。感觉统合治疗师主要负责进行感觉统合评估和治疗的专业人员。其他相关专业人员可能包括康复治疗师、职业治疗师、言语治疗师等，他们在各自的领域中也可以提供与感觉统合相关的干预和支持。

感觉统合治疗师的教育与培训通常是通过大学本科或研究生课程来完成。在此过程中，学生将学习感觉统合理论、神经科学、发育心理学等相关知识，掌握感觉统合评估和治疗的技术和方法。此外，学生还会进行实践训练，通过实习和实践活动来提升他们的实际操作能力。

感觉统合治疗师的教育和培训旨在使他们能够独立进行感觉统合评估和制定个体化的治疗计划。他们需要具备良好的观察力、沟通能力和团队合作能力，以便与患者、家庭成员和其他专业人员有效地合作。此外，持续的终身学习也是感觉统合治疗从业人员的重要素质，因为他们需要跟随最新的研究和发展，不断提升自己的专业水平。

2. 感觉统合治疗师通常需要获得相关的学位和专业资格认证

（1）学位。

①学士学位：通常可以选择相关领域的学士学位，如康复治疗、职业治疗、心理学等。这些学位提供了基本的专业知识和理论基础。

②硕士学位：许多国家和地区要求感觉统合治疗师获得相关领域的硕士学位，如感觉统合治疗、康复科学等。硕士学位提供了更深入的专业知识和实践经验。

（2）专业资格认证。

①美国感觉统合治疗师认证（SIPT Certification）：由美国感觉统合国际协会（Sensory Integration International）颁发的认证。该认证要求候选人完成特定的课程和培训，并通过相关考试。

②澳大利亚感觉统合治疗师认证（ASITP Certification）：由澳大利亚感觉统合治疗师协会（Australian SIOT Association）颁发的认证。候选人需要完成指定的学习和培训，并通过考试和实践评估。

③加拿大感觉统合治疗师认证（CAOT-SI Certification）：由加拿大康复治疗师协会（Canadian Association of Occupational Therapists）颁发的认证。候选人需要完成特定的学习和培训，并通过相关考试和实践评估。

（3）相关专业人员。

①康复治疗师（Occupational Therapist）：康复治疗师可以在感觉统合治疗中提供支持和干预，帮助个体改善日常生活技能和功能。

②物理治疗师（Physical Therapist）：物理治疗师可以通过运动和锻炼来促进个体的感觉和运动发展，配合感觉统合治疗的目标。

③言语治疗师（Speech-Language Pathologist）：言语治疗师可以在感觉统合治疗中提供语言和沟通方面的支持，帮助个体发展言语和交流能力。

二、国外感觉统合治疗师教育标准课程设置及教学体系

在国外，感觉统合治疗师的教育通常以大学本科或研究生课程的形式提供。教育标准课程设置涵盖以下主要内容：

（1）理论基础：包括感觉统合理论、神经科学、发育心理学等相关知识，帮助学生理解感觉统合障碍的原因和机制。

（2）评估与评定：包括感觉评估工具和方法的学习，培养学生进行感觉统合评估的能力，准确判断个体的感觉统合问题。

（3）干预与治疗：学习感觉统合治疗的各种方法和技术，包括感觉整合活动、运动训练、环境适应等，以提升个体的感觉统合能力。

（4）实习与实践：国外的感觉统合治疗师教育体系注重理论与实践相结合，强调学生的专业技能和职业道德。通过实习和实践活动，将理论知识应用于实际工作中，培养学生的实际操作能力和综合素养。

1. 美国感觉统合治疗师教育标准课程设置及教学体系

感觉统合治疗是美国特殊教育和康复领域的重要分支，旨在帮助个体处理感觉统合障碍，促进其感觉和运动发展。为了培养专业的感觉统合治疗师，美国建立了一套严格的教育标准课程设置和教学体系。以下是美国感觉统合治疗师教育的主要内容：

（1）基础学科。

①神经科学：学习神经系统的结构和功能，以及感觉和运动的神经基础。

②发育心理学：研究儿童和成人的发育过程，了解感觉统合发展的关键时期和里程碑。

③心理学：探索个体行为和认知过程，了解感觉统合障碍对心理功能的影响。

（2）感觉统合理论和评估。

①学习不同的感觉统合理论，包括艾尔丝（Ayres）感觉统合理论等。

②掌握各种感觉统合评估工具和方法，能够进行全面和准确的感觉统

合评估。

（3）感觉统合治疗技术和策略。

①学习不同的感觉统合治疗技术，包括感觉整合活动、环境适应和儿童参与等。

②掌握个体化治疗计划的制定和实施，能够根据患者的具体需求进行个体化的治疗干预。

（4）实践和临床经验。

①参与实践和临床实习，与实际患者合作，应用所学知识和技能进行感觉统合治疗。

②培养观察力、沟通能力和团队合作能力，能够与患者、家庭成员和其他专业人员有效合作。

（5）专业发展。

①学习专业道德和伦理准则，培养职业操守和职业责任感。

②关注最新的研究和发展，继续学习和不断提升专业水平。

美国的感觉统合治疗师教育强调理论和实践相结合，重视学生的专业能力和实际操作能力的培养。教育机构通常会与临床实践机构合作，为学生提供实践机会，使他们能够将所学知识和技能应用到实际工作中。

教学体系方面，美国的感觉统合治疗师教育注重学生的综合能力培养，注重理论和实践的结合。课程设置以提供全面的感觉统合治疗知识和技能为目标，同时强调学生的专业发展和终身学习的重要性。目前，美国感统治疗师的主要认证机构是美国职业治疗协会（American Occupational Therapy Association，AOTA）和美国物理治疗协会（American Physical Therapy Association，APTA）。可以通过相应的认证考试来展示专业知识和技能。

2. 英国感觉统合治疗师教育标准课程设置及教学体系

（1）学位课程。

①本科学位：许多英国大学提供相关的本科学位课程，如康复治疗、

职业治疗等。这些课程提供基本的理论和实践知识，为进一步的学习和专业发展打下基础。

②硕士学位：英国一些大学也提供感觉统合治疗的硕士学位课程。这些课程通常更加专业化，涵盖感觉统合理论、评估和治疗技术等方面的内容。

（2）专业培训。

①英国感觉统合治疗师协会（Sensory Integration Network）是英国感觉统合治疗的专业组织，提供专业培训和认证。

②感觉统合治疗师的培训课程通常由经验丰富的感觉统合治疗师和专家提供，包括理论讲座、实践操作和临床实习等内容。

③培训课程的目标是培养学生的感觉统合评估和治疗技能，使其能够在临床实践中独立开展感觉统合治疗工作。

（3）教学体系。

①教学体系旨在将理论知识与实践技能相结合，培养学生的综合能力和专业素养。

②课程设置涵盖感觉统合理论、神经科学、发育心理学、评估工具和方法、治疗策略和技术等内容。

③学生通常需要参与实践课程和临床实习，通过与实际患者合作，将所学的理论应用到实践中，并获得临床经验和技能。

3. 加拿大感觉统合治疗师教育标准课程设置及教学体系

（1）学位课程。

①本科学位：加拿大的一些大学提供相关的本科学位课程，如康复治疗、职业治疗等。这些课程为学生提供基础的专业知识和理论基础，为进一步的学习和专业发展打下基础。

②硕士学位：许多加拿大大学提供感觉统合治疗的硕士学位课程，如感觉统合治疗、康复科学等。这些课程提供更深入的专业知识和实践经验，培养学生在感觉统合评估和治疗方面的专业能力。

（2）专业培训。

①加拿大康复治疗师协会（Canadian Association of Occupational Therapists，CAOT）是加拿大感觉统合治疗的专业机构，负责认证感觉统合治疗师。

②感觉统合治疗师的培训课程通常由 CAOT 认可的教育机构提供，包括理论课程、实践实习和临床训练。

③培训课程的目标是培养学生的感觉统合评估和治疗技能，使其能够在实际工作中应用专业知识和技术，为患者提供有效的康复服务。

（3）教学体系。

①加拿大感觉统合治疗师教育的教学体系注重理论与实践的结合，培养学生的综合能力和专业素养。

②课程设置涵盖感觉统合理论、神经科学、发育心理学、评估工具和方法、治疗策略和技术等内容。

③学生通常需要参与实践课程和临床实习，与患者合作进行感觉统合评估和治疗，并获得实践经验和技能。

4. 澳大利亚感觉统合治疗师教育标准课程设置及教学体系

（1）学位认证。

学生可以选择参加澳大利亚职业治疗师协会（Occupational Therapy Australia）认可的职业治疗师学位课程。

在学位课程中，学生将学习与感觉统合治疗相关的理论、评估和治疗技术、儿童发展等内容。

学生在完成学位课程后，通常需要通过职业治疗师国家认证考试以获取注册资格。

（2）进修课程。

某些大学和专业机构还提供针对已经具有职业治疗师资格的从业人员的进修课程，专门探讨感觉统合治疗的进阶理论和实践技术。

进修课程的内容可能涵盖更深入的感觉统合理论、高级评估工具和治疗技术、临床实践案例等。

（3）专业认证。

澳大利亚职业治疗师协会为感觉统合治疗师提供专业认证机制。

从业人员可以通过提交相关的学历和培训证明，以及通过职业治疗师协会的认证考试，获得感觉统合治疗师的专业认证资格。

5. 欧洲感觉统合治疗师教育标准课程设置及教学体系

（1）瑞典。

瑞典的感觉统合治疗师教育通常是以康复治疗师的身份进行。

学生可以通过参加瑞典康复治疗师协会（Swedish Association of Occupational Therapists）认可的康复治疗师课程，并选择感觉统合治疗作为专业方向。

教学内容包括感觉统合理论、评估和治疗技术、发育心理学等。

（2）荷兰。

荷兰的感觉统合治疗师教育通常是以职业治疗师的身份进行。

学生可以参加荷兰康复治疗师协会（Dutch Association of Occupational Therapists）认可的职业治疗师课程，并选择感觉统合治疗作为专业方向。

课程内容包括感觉统合评估和治疗技术、儿童发展、神经科学等。

（3）德国。

德国的感觉统合治疗师教育通常是以职业治疗师的身份进行。

学生可以参加德国职业治疗师协会（German Association of Occupational Therapists）认可的职业治疗师课程，并在课程中选择感觉统合治疗作为专业方向。

课程内容包括感觉统合理论、评估和治疗技术、儿童发展等。

（4）法国。

法国的感觉统合治疗师教育通常是以职业治疗师的身份进行。

学生可以参加法国职业治疗师协会（French Association of Occupational Therapists）认可的职业治疗师课程，并在课程中选择感觉统合治疗作为专业方向。

教学内容包括感觉统合理论、评估和治疗技术、神经科学等。

（5）瑞士。

瑞士的感觉统合治疗师教育通常是以职业治疗师的身份进行。

学生可以参加瑞士职业治疗师协会（Swiss Association of Occupational Therapists）认可的职业治疗师课程，并选择感觉统合治疗作为专业方向。

课程内容涵盖感觉统合评估和治疗技术、儿童发展、康复理论等。

三、中国香港特别行政区及中国台湾地区感觉统合治疗师本科教育标准课程设置

中国香港特别行政区和中国台湾地区也开设了感觉统合治疗师的本科教育课程。其课程设置主要包括以下内容：

（1）基础学科：涵盖感觉统合理论、神经科学、发育心理学等基础学科的学习，为学生提供理论基础。学生可以选择参加香港职业治疗师协会（Hong Kong Occupational Therapy Association）或台湾职业治疗师学会（Taiwan Occupational Therapy Association）认可的职业治疗师本科课程。

（2）专业学科：包括感觉统合评估与治疗、儿童发展、康复技术等专业学科的学习，培养学生的专业能力。

（3）实践训练：通过实习和实践活动，提供实际工作经验，培养学生的实际操作能力和综合素养。

（4）专业发展：培养学生的职业道德和终身学习意识，了解最新的研究和发展动态，不断提升专业水平。

四、中国感觉统合治疗师培养现状与展望

在国内，感觉统合治疗师的证书通常由国家相关部门或专业协会颁发。然而，具体的证书类型和认证程序可能因地区和机构而异。以下是感

觉统合治疗领域颁发的一些常见证书。

（1）感觉统合治疗师资格证书：这是由相关国家部门或行业认可的资格证书，持有此证书表示该治疗师具备了必要的学历和临床实践经验，并通过了相关考试和认证。

（2）康复治疗师执业资格证书：成为感觉统合治疗师的人员可能需要首先获得康复治疗师的执业资格证书，该证书使其具备从事康复治疗工作的资格。

（3）特殊教育教师资格证书：在感觉统合治疗领域，一些治疗师可能也具备特殊教育教师的资格证书，这有助于他们更好地在特殊教育学校和环境中进行工作。

（4）继续教育证书：感觉统合治疗领域不断发展，治疗师可能参加各种进修培训课程，完成后可能会获得相应的继续教育证书，以证明他们持续学习和专业发展的努力。

目前，中国在感觉统合治疗师培养方面还处于起步阶段。一些高校和专业机构开始提供感觉统合治疗师的相关课程和培训，培养一批专业人才。

然而，与国外相比，中国的感觉统合治疗师教育还存在一些挑战和不足。主要表现在以下方面。

（1）教育资源：感觉统合治疗师教育相关的教育资源相对匮乏，师资队伍和教材还需要进一步发展和完善。

（2）标准与规范：缺乏统一的教育标准和规范，不同机构之间的培养内容和质量存在差异。

（3）实践与研究：感觉统合治疗师教育需要与实际工作紧密结合，加强实践训练和研究，提升培养质量。

展望未来，中国的感觉统合治疗师教育需要加强与国际接轨，借鉴国外的教育经验和标准，建立健全的培养体系和教育机制。同时，加强师资队伍建设，提升教育质量，培养更多优秀的感觉统合治疗师，为儿童和成人提供更好的感觉统合治疗服务。

参 考 文 献

［1］李俊平.图解儿童感觉统合训练：全彩图解实操版［M］.北京：朝华出版社，2018.

［2］王和平.特殊儿童的感觉统合训练［M］.北京：北京大学出版社，2019.

［3］协康会.感觉统合知多少［M］.香港：协康会，2007.

［4］Addison, L. R., Piazza, C. C., Patel, M. R., et al. A comparison of sensory integrative and behavioral therapies as treatment for pediatric feeding disorders［J］. Journal of Applied Behavior Analysis, 2012, 45（3）: 455-471.

［5］Anita C.B., Shelly J.L., Sensory Integration: Theory and Practice［M］. F.A. Davis Company, 2019.

［6］Baranek, G. T., David, F. J., Poe, M. D., et al. Sensory Experiences Questionnaire: discriminating sensory features in young children with autism, developmental delays, and typical development［J］. Journal of Child Psychology and Psychiatry, and Allied Disciplines, 2006, 47（6）: 591–601.

［7］Baranek, G.T., Boyd, B.A., Poe, M.D., et al. Hyperresponsive sensory patterns in young children with autism, developmental delay, and typical development［J］. American Journal of Mental Retardation : AJMR, 2017, 112（4）: 233-245.

［8］Case-Smith, J., Weaver, L. L., Fristad, M. A. A systematic review of sensory processing interventions for children with autism spectrum disorders［J］. Autism, 2015, 19（2）: 133-148.

［9］Deng, J., Lei, T., Du, X. Effects of sensory integration training on balance function and executive function in children with autism spectrum disorder:

Evidence from Footscan and fNIRS［J］. Frontiers in Psychology, 2023, 14, 1269462.

［10］Devlin S, Healy O, Leader G, et al., Comparison of behavioral intervention and sensory-integration therapy in the treatment of challenging behavior ［J］. Journal of Autism and Developmental Disorders, 2011, 41: 1303–1320.

［11］Kashefimehr, B., Kayihan, H., Huri, M.The Effect of Sensory Integration Therapy on Occupational Performance in Children With Autism ［J］. OTJR: Occupation, Participation and Health, 2018, 38（2）: 75–83.

［12］Klintwall L, Holm A, Eriksson M, et al. Sensory abnormalities in autism: A brief report ［J］. Research in Developmental Disabilities, 2011, 32: 795–800.

［13］Lang RB, O'Reilly M, Healy O, et al., Sensory integration therapy for autism spectrum disorders: a systematic review ［J］. Research in Autism Spectrum Disorders, 2012, 6（3）: 1004–1018.

［14］Paula, A., Ellen, Y., Shirley, S., et al. Building Bridges through Sensory Integration, 3rd Edition: Therapy for Children with Autism and Other Pervasive Developmental Disorders ［M］. Publisher World, 2015.

［15］Pfeiffer, B. A., Koenig, K., Kinnealey, M., et al. Effectiveness of sensory integration interventions in children with autism spectrum disorders: a pilot study ［J］. The American journal of occupational therapy: Official Publication of the American Occupational Therapy Association, 2011, 65（1）: 76–85.

［16］Raditha, C., Handryastuti, S., Pusponegoro, H.D. et al. Positive behavioral effect of sensory integration intervention in young children with autism spectrum disorder ［J］. Pediatrics, 2023, 93: 1667–1671.

［17］Preis, J, McKenna, M. The effect of sensory integration therapy on verbal expression and engagement in children with autism ［J］.International Journal of Therapy and Rehabilitation, 2014, 21: 476–486.

［18］Schaff, R. C. et al. An intervention for sensory difficulties in children with autism: A randomized trial. ［J］ Autism Dev. Disord, 2014, 44: 1493–

1506.

[19] Schoen, S. A., Lane, S. J., Mailloux, Z., et al. A systematic review of ayres sensory integration intervention for children with autism [J]. Autism Research : Official Journal of the International Society for Autism Research, 2019, 12 (1): 6–19.

[20] Sullivan, O.A., Wang, C. Autism Spectrum Disorder Interventions in Mainland China: A Systematic Review [J]. Journal of Autism and Developmental Disorders, 2020, 7: 263-277.

[21] Sun, X., Allison, C., Matthews, F.E., et al. Prevalence of autism in mainland China, Hong Kong and Taiwan: A systematic review and meta-analysis [J]. Molecular Autism, 2013, 4: 7 - 7.

[22] Schaaf, R. C., Miller, L. J. Occupational therapy using a sensory integrative approach for children with developmental disabilities [J]. Mental Retardation and Developmental Disabilities Research Reviews, 2005, 11 (2): 143–148.

[23] Warutkar, V. B., Kovela, R. K., Samal, S. Effectiveness of sensory integration therapy on functional mobility in children with spastic diplegic cerebral palsy [J]. Cureus, 2023, 15 (9).

结　　语

　　感统训练是一种重要而有益的方法，可以帮助儿童充分发展他们的感官统合能力，以提高日常生活的功能和适应能力。

　　感统训练是一项对儿童身心发展至关重要的干预措施。通过有计划、系统和有趣的活动，我们可以帮助儿童建立更健康、更强大的感官统合能力，从而改善他们的学习、社交和生活技能。我们深知每个儿童都是独特的，每个儿童都有其自身的感官统合需求和挑战。因此，在进行感统训练时，务必要以个体为中心，制定个性化的计划，尊重和关注儿童的感受和意愿。

　　本教材介绍了感官统合的基本理论和背景知识，以及感统训练的核心原则和方法。我们强调了在儿童感官统合发展中的重要里程碑，以及可能出现的感官统合困难。对于感统训练的实施，我们提供了丰富的活动示例和练习，旨在帮助儿童建立更稳固的感官基础。同时，我们也鼓励康复教育者和家长在儿童的日常生活中融入感官统合活动，以促进他们的感官统合发展。

　　我们知道，感统训练是一项需要耐心和持续努力的过程。在儿童的感官统合发展中，每一个进步都值得庆祝和鼓励。康复教育者和家长的支持是至关重要的，他们的陪伴和关爱可以给予儿童信心和勇气，让他们勇往直前。

　　在结束本教材之际，我们要强调，感统训练不仅仅是关注儿童的感官统合，更是注重全面发展儿童的身心。每个儿童都应该得到平等的机会去探索和发现世界，感受到生活的美好和多彩。我们坚信，通过感统训练，我们能够为儿童铺就一条光明的未来之路。

　　最后，我们要衷心感谢所有致力于儿童感统训练事业的治疗师、教育者、家长和志愿者。是你们的付出和关爱，让更多的儿童受益于感官统合的奇妙世界。我们希望本教材能够成为你们实践的指南和启示，激发更多人的关注和参与，共同为儿童的健康成长贡献一份力量。